LES SINGES
ET L'HOMME

CONSIDÉRATIONS NATURELLES

SUR LEURS PRÉTENDUES AFFINITÉS

PAR

J.-Joseph BIANCONI

ANCIEN PROFESSEUR A BOLOGNE.

———

(Extrait des *Annales de philosophie chrétienne*, t. XII, 1865, 5e série).

VERSAILLES

BEAU JEUNE, IMPRIMEUR-LIBRAIRE,

RUE DE L'ORANGERIE, N° 36.

—

1865

Versailles. — Imprimerie de BEAU jeune, rue de l'Orangerie, 36.

LES SINGES ET L'HOMME;

CONSIDÉRATIONS NATURELLES SUR LEURS PRÉTENDUES AFFINITÉS.

> « *L'homme seul n'a nulle espèce voisine ;
> il n'a pas d'espèce consanguine. Sur ce der-
> nier point on rougirait d'exprimer seulement
> un doute.* »
>
> (Flourens, *Ontologie naturelle*, p. 69.)

La discussion sur les affinités de l'Homme avec les Singes, une fois portée sur le champ des questions populaires, il arrive que des conclusions très-faciles à déduire se glissent dans la pensée des moins instruits. Il serait très-avantageux que ces conclusions fussent en harmonie avec la vérité ; malheur au contraire si elles sont erronées ! L'application de ces conséquences à la vie civile et morale, est inévitable, et elle est, en même temps, du plus grand poids. Or la théorie des affinités de l'Homme avec les Singes telle qu'elle nous est présentée dans les œuvres d'*Huxley*, de *Lyell*, de *Vogt* et d'autres, est-elle vraie ou bien erronée ?

Voilà une question d'actualité, et comme on dit, du jour, qui mérite bien d'être pesée. Elle a été traitée déjà par des savants de premier ordre ; mais il est bon toutefois d'en recueillir les principaux résultats sous un point de vue d'ensemble ; et on peut encore y ajouter de nouvelles observations. Voilà mon but.

Lorsque, par suite de ce qu'on appelle la grande conception de l'*élection naturelle*, ou des systèmes antécédents, c'est-à-dire l'évolution progressive des êtres organisés, la variation et la transformation des espèces, on a été conduit à voir dans le règne animal, que dis-je ? dans tous les êtres organiques une dérivation de l'un à l'autre ; une filiation qui forme une échelle continue depuis les végétaux les plus simples, jusqu'aux animaux les plus élevés, jusqu'à l'Homme même, quel qu'étrange que paraisse cette conception, elle est le sujet favori de plusieurs écrivains ; et l'école de *Darwin* n'a que trop d'influence aujourd'hui, dans la science.

Elle nous enseigne, que de même qu'une espèce quelconque de poissons serait une simple variété des espèces voisines, et celles-ci à leur tour des autres espèces affines, comme le chien ne serait que le renard ou le loup modifiés ; de même l'Homme ne serait autre chose que telle ou telle autre espèce améliorée des mammifères inférieurs. Dans ce cas l'origine de l'Homme ne serait pas, selon l'opinion universelle, une création indépendante et à part, telle, qu'en remontant la série de ses générations, on trouvât toujours jusqu'à son principe l'Homme comme souche à l'Homme même. Au contraire parcourant les phases arriérées de son espèce, il parviendrait à comprendre que le sang d'une brute coule dans ses veines, et qu'à une époque éloignée, la génération, la conception dont il dérive directement, est l'œuvre de deux brutes.

La seule exposition crue et claire de cette théorie blesse l'humanité ; et le bon sens recule devant des idées aussi contraires à la nature, aux sentiments, aux tendances de l'Homme. Oui, l'Homme qui sent la sublimité de sa propre intelligence, qui domine la nature avec l'empire le plus absolu, qui exerce son pouvoir tyrannique sur tous les animaux, aucun excepté, se sent trop humilié en s'entendant dire que ses aïeuls ont été l'Orang-Outang, le Gorille, le Chimpanzé ; et indigné il rebute une théorie aussi folle et aussi audacieuse.

Le premier coup d'œil, ou plutôt ce qu'on appelle le *sens intime*, universel, immuable, nous porte inévitablement à réfuter cette théorie. La saine philosophie et les écrits de plusieurs savants avaient depuis bien longtemps démontré combien un tel système est absurde, et inadmissible. Toutefois ce système est remis au jour, avec nouvel apparat d'arguments, et sur un nouveau champ, le champ des sciences naturelles. Mais les assertions gratuites dont on veut étayer cette théorie renouvelée, et plusieurs propositions qui ne résistent pas au moindre raisonnement, ne peuvent être accueillies sans discussion. La thèse qu'elles veulent défendre chancelle, et on demande des preuves.

Des imaginations fantastiques, et des narrations poétiques peuvent éblouir au premier abord les intelligences faibles ; mais on ne peut s'y arrêter que bien peu. Ainsi les partisans de cette théorie sont réduits à la nécessité d'y apporter quelque preuve. Et messieurs les professeurs Huxley, Lyell, Asagray, Ch. Vogt et autres, se proposent de nous en donner.

Ces preuves se rapportent à deux points, qui au fond se réduisent à un seul ; ce sont :

1° Qu'il n'y a pas de différence organique distincte entre l'Homme, et les Singes supérieurs, d'où il suit que l'un est le dérivé, ou la modification, ou le perfectionnement de l'autre ;

2° Qu'il y a des passages graduels qui s'interposent entre les différences qu'on voit entre les formes de l'Homme et celle du Singe, de telle façon qu'on est conduit pas à pas des formes de l'Homme d'aujourd'hui, par des dégradations graduelles de l'Homme géologique, jusqu'aux formes des Singes.

La *zootomie* et la *zoologie* ont entrepris de traiter du premier point, et on en trouve les preuves dans l'ouvrage publié l'année dernière, intitulé : *Evidence as to Man's place in nature* 1863. La *Géologie* s'engage à donner la démonstration du deuxième point. Tout ce que cette science peut nous dire aujourd'hui, se trouve sans doute dans le livre de M. Lyell, *l'ancienneté de l'Homme prouvée par la Géologie* [1], et dans celui de Charles Vogt ; *Vorlesungen über den Manschen* von C. Vogt. 1863.

La géologie jusqu'ici a promis des preuves, mais n'a donné que des conjectures ; nous attendrons donc qu'elle tienne ses promesses. La zootomie et la zoologie prétendent prouver ; nous sommes donc dans le droit de discuter ces preuves, et de les soumettre à un examen impartial.

Il est facile de prévoir à l'avance que je n'entreprends pas de traiter ce sujet dans toute l'extension qu'il comporte. Cela serait accablant, et superflu, après ce qu'on possède déjà sur plusieurs points de la question dans les excellents traités de messieurs *Geoffroy Saint-Hilaire* fils, de *Duvernoy*, de *Flourens*, de *Milne Edwards*, d'*Owen*, de *Prichard*, de *Godron*, de *Gratiolet* et autres, qui sont aux yeux de tous de vrais savants et de grands naturalistes.

Mon sujet se renferme dans des limites étroites. Je me borne à la comparaison de quelques parties seulement du corps des Quadrumanes supérieurs, avec leurs correspondantes dans l'Homme. Mais ce sont des parties de bien haute importance : la *tête* et les *extrémités*.

Toute notre étude sera de nature purement zoologique, ou bien zootomique. Nous nous placerons donc toujours dans la sphère de la science d'observation. Et nous suivrons le déroulement de nos recherches tout simplement, par une exposition guidée, autant qu'il me sera possible, par une logique sévère, et par la critique.

Toute fleur serait un hors-d'œuvre.

SECT. Ire. — *De la tête.*

Les Singes qu'on prend ordinairement pour terme de comparaison avec l'Homme sont ceux qu'on appelle anthropomorphes [1], ceux dont les formes se rapprochent de celles de l'Homme. Ce sont le Chimpanzé (*Troglodytes niger*), le Gorille (*Gorilla gina*), et l'Orang-outang (*Simia satyrus*) ; on peut y ajouter encore le Gibbon (*Hylobates*). Dans tout l'ordre dit des Quadrumanes, ce sont les Singes qui offrent dans leur corps, dans la tête, dans les mains, des formes que les écrivains des temps anciens, et d'autres plus près de nous se plaisaient à signaler par des formes et des ressemblances humaines. On ne saurait faire sans doute un reproche sérieux aux premiers écrivains de s'être laissé tromper par ce rapprochement ; mais ce qui mériterait bien le blâme, serait l'exagération, s'ils l'ont introduite dans leurs narrations, ou s'ils façonnèrent les figures de ces animaux en question pour leur attribuer des qualités, ou des formes qu'ils n'avaient pas. Telles sont les figures qu'on trouve dans les *OEuvres* de *Tyson*, de *Buffon*, et d'autres [2].

Ils étaient excusables jusqu'à un certain point. En effet, ils voyaient l'Orang-Outang et moins fréquemment le Chimpanzé avec sa face pas beaucoup plus prognate ou saillante que

---

[1] Pour venir en aide à la nouvelle théorie, on les appelle aujourd'hui *anthropoïdes* ; plus justement M. Duvernoy les appelle *pseudo-anthropomorphes*.

[2] Voyez Huxley, *Évidences*, etc. p. 12, où sont reproduites des figures anciennes.

celle des Ethiopiens; et de plus avec la tête ronde globuleuse, sans proéminences; et avec des bras, des mains, avec des mouvements et une docilité qui ressemblaient à celles de l'Homme. Ils étaient en outre trompés bien des fois par les narrations infidèles des voyageurs, ou par l'inspection d'individus apprivoisés. Cela posé, il n'était pas difficile de tomber dans l'erreur de juger que ces animaux avaient avec l'Homme une ressemblance bien plus grande qu'elle n'était en réalité. Aujourd'hui la source de ces erreurs est fort heureusement close; de telles erreurs ne sont plus pardonnables. La science s'est dégagée des notions fautives, ou imaginaires; et l'on s'exposerait au risque de tomber dans le plus grand ridicule si l'on voulait à présent reproduire quelques narrations et quelques opinions, qu'on lit déjà consignées dans les pages d'écrivains instruits, ou au moins fameux.

De telles erreurs qui, comme nous l'avons dit, étaient pardonnables aux anciens, sont inexcusables aujourd'hui. Et voici pourquoi. Nos ancêtres n'avaient d'autres sujets de leurs observations que des *Orangs-outangs*, ou des *Chimpanzés* jeunes. Il faut ajouter que ces animaux ne peuvent pas arriver à la vieillesse dans les ménageries; car bientôt ils tombent malades de consomption. On ne peut d'autre part les captiver dans leurs bois en âge adulte; farouches comme ils sont, on ne peut les prendre que morts. Il est facile encore de comprendre que de difficultés auraient rencontré nos devanciers s'ils eussent voulu tirer du centre de l'Afrique, ou de Bornéo, ou de Sumatra, soit le cadavre ou le squelette de ces animaux adultes. Il s'ensuit que nos devanciers n'ont jamais eu un individu adulte d'espèce bien déterminée, pour l'examiner. Tout ce qu'ils savaient, c'était d'après des individus jeunes. Les premières descriptions de la têtede l'Orangoutang qui ont été données jusqu'aux jours de Cuvier, étaient fondées sur les observations de têtes jeunes.

Aujourd'hui on n'en est plus là. On a des squelettes d'individus adultes. L'examen de ces squelettes a éclairci un point de discussion important qui jusque-là était inconnu à la science. C'est alors qu'on a vu clairement l'erreur de ceux qui s'étaient trop hâtés de déduire la ressemblance des Singes anthropomorphes avec l'homme, se fondant seulement sur l'observation des parties de jeunes individus.

Il semble que Cuvier ait conçu le premier l'idée de différences très-remarquable entre les jeunes et les vieux Orangs-outangs [1]; mais des preuves plus décisives nous furent données par Geoffroy Saint-Hilaire dès l'année 1852. « Nous avons
» pu suivre, dit-il [2], dans cette espèce (Orang-outang) les sin-
» gulières transformations par lesquelles un Primate, d'abord
» très-voisin de l'homme, principalement par sa tête globu-
» leuse, sa face courte et aplatie, son front élevé et presqu'hu-
» main, finit par se rapprocher des *Cynocéphales* eux-mêmes,
» par l'acuité de l'angle facial, la dépression du front, le
» prolongement de la face en véritable museau, et par l'é-
» norme développement des crêtes craniennes. »

Nous avons dans la planche... fig. 1re et 2e, *le crâne de l'Orang-outang* vieux et jeune.

Dans le jeune, la boîte osseuse céphalique est ronde, globuleuse, unie dans sa convexité. Elle forme la plus grande partie de la tête : les os de la face constituant une minorité bien notable à proportion de la boîte osseuse. Les mâchoires sont peu saillantes, les dents subégales, le trou occipital presque dans le centre de gravité de la masse entière de la tête ; les arcades zygomatiques faibles, très-déprimées ; faibles aussi les branches ascendantes des mâchoires. Si l'on prend ce crâne, et si on le compare à celui de l'homme, on trouve bien peu de différence entre les deux ; et on s'aperçoit à première vue qu'il y a une très-grande ressemblance entre l'un et l'autre [3].

Mais dans l'individu adulte le crâne est très-allongé ; la boîte céphalique est très-petite en proportion des os de la face ; ils forment la plus grande partie de la tête osseuse. Les os maxillaires en effet sont très-hauts, gros, bien prolongés antérieurement ; les arcades zygomatiques très-larges, convexes, et très-fortes. Des dents canines grosses, robustes,

---

[1] Cuvier, *Mémoires de l'Académie*, 1818.

[2] L'*Institut*, 1852, n° 945, p. 44.

[3] On peut voir encore Quatrefages, *Métamorphoses de l'homme et des animaux*, p. 50. 1862.

coniques, surpassent les autres en longueur. Enfin des crêtes très-grandes surmontent la boîte céphalique ; et le trou occipital est refoulé à l'extrémité postérieure. Toute ressemblance avec le crâne humain ici a disparu. C'est un crâne de bête fauve, comme on dit, un crâne de bête farouche.

Ce serait une erreur contre la logique la plus commune, que de vouloir s'arrêter à une comparaison entre le crâne de l'Orang-outang jeune, et le crâne humain. Les formes du crâne de l'homme adulte sont fermes et permanentes ; celle de l'Orang-outang jeune sont *transitoires* ou variables. Il faut comparer les choses dans les mêmes conditions, c'est-à-dire à état ferme, et au même état de développement complet. Il faut, pour comparer les choses, que les rapports qui existent entr'elles permettent de les comparer ; autrement, si les termes de comparaison ne sont pas de la même nature , tout rapprochement et toute induction est possible sans doute; mais bien souvent on tombe dans l'erreur.

On a signalé que le crâne du jeune Orang-outang se trouve presqu'en équilibre sur la première des vertèbres, l'atlas. Le poids de la partie postérieure de l'encéphale est égal à peu près, à celui de la partie antérieure des os de la face. On a ici une disposition analogue à celle qu'on voit dans l'homme ; bien que le trou occipital humain soit toujours plus central que celui de l'Orang-outang lorsqu'il est très-jeune [1]. Des observations importantes de M. Owen résulte que le trou occipital dans l'homme, va toucher le milieu du diamètre antéro-postérieur de la base du crâne, tandis que dans le quadrumane qu'on a nommé tout à l'heure , c'est dans la moitié du tiers postérieur.

Une telle condition du premier âge de l'Orang-outang est en harmonie avec la convexité de la boîte céphalique dépourvue de crêtes de toute sorte , et notamment de la crête lambdoïdienne (*fig*.... a.) L'homme aussi bien que l'Orang-outang jeune a la tête en équilibre sur l'atlas, par là il ne faut pas des cordes tendineuses ou musculaires d'une grande portée pour la tenir, ou la porter lors même qu'elle est en action. D'autre part, c'est bien un arrangement qui diminue la vigueur

[1] Prichard, *Hist. nat. de l'homme*, 1843, t. 1, p. 160.

des attaches, et diminue aussi la force d'action de la tête
soutenue par un tel moyen. Cette disposition est la cause du
peu de solidité de la tête humaine sur l'atlas; de façon qu'il
n'est malheureusement pas rare de la voir séparée du
tronc. Mais une telle disposition, dans les singes anthropomorphes, est possible seulement dans le premier âge; c'est
en effet dans l'enfance que ces animaux abrités sous la tutelle
maternelle, n'ont pas besoin de faire de grands efforts avec
leur tête.

Dans les adultes, soit Orang-outang, soit Chimpanzé, soit le
Gorille, le trou occipital est au tiers dernier de la très-longue
base craniale. Étant très-excentrique, la tête ne peut s'y poser
en équilibre; mais elle s'incline nécessairement pesant en
avant; et par conséquent tout son appui, et tout son soutien
est confié aux cordes ligamenteuses et musculaires cervicales.
Ce sont ces cordes qui s'insèrent sur les surfaces âpres de
l'occiput, et surtout sur la crête lambdoïdale. Des attaches
en effet très-robustes sont réclamées par le prolongement des
mâchoires si avancées, par l'ampliation générale de la masse
faciale, et par la grosseur des os mêmes; sans cela l'excès de
pesanteur de la partie antérieure de la tête l'emporterait
fortement; ce sont donc les lois mécaniques qui exigent inévitablement cet arrangement de choses.

Il faut pourtant avancer encore dans cet examen; car il y
a des causes bien plus importantes qui rendent nécessaires
les formes décrites dans l'adulte, et notamment la crête que
j'ai citée.

Les mâchoires avancées du Gorille et de l'Orang-outang adultes, armées comme elles sont de dents canines très-robustes,
coniques et saillantes, forment, aucun n'en doute, un instrument de prise très-puissant. De plus les canines sont insérées
profondement dans les alvéoles et ont par conséquent les qualités de canines des animaux farouches, qui dans leurs com-
bats mordent, saisissent, et tiennent fortement la proie qui
s'agite violemment, et s'efforce de fuir. Dans un combat de
cette sorte, les canines font un grand effort, c'est vrai, mais
tout effort n'est pas confié à elles seules. La mâchoire supérieure avec les autres os de la face, et les branches de la mâ-

choire inférieure sont en proportion par leur grosseur et leur solidité avec les forces des canines. Si l'on considère sous ce point de vue la tête des Singes anthropomorphes, on voit que c'est une très-forte tenaille, que les canines rendent plus active, et que tous les os de la tête rendent en proportion plus solide.

Bien plus, ce qui prouve encore mieux combien sont de forte prise les mâchoires de l'Orang-outang, du Chimpanzé et du Gorille en âge adulte, ce sont les arcades zygomatiques. Je ne parlerai pas de la grosseur et de la hauteur dont elles sont fournies; je veux seulement appeler l'attention sur la grande connexité qu'elles forment. Par cette notable connexité, la fosse ou espace qui reste entre elles et l'os temporal, a un diamètre transversal qui est égal sans doute à une troisième partie de la base de la tête dans sa plus grande dimension transversale. L'autre diamètre de la même fosse, c'est-à-dire le diamètre longitudinal, surpasse le premier d'une moitié; de manière que la première est au second comme 2 à 3. Lorsqu'on considère cette grande cavité ou fosse, on voit que ce qui concourt aussi à la rendre si évasée, c'est l'énorme dépression et évasement de l'os temporal, et de l'os pariétal. Or, cet ample espace est rempli par les muscles crotaphite et massetère; et d'après cette considération, il est superflu de dire combien de développement et de puissance ils ont. Mais on peut encore mieux juger du grand volume du premier, lorsqu'on fait attention aux crêtes sagittale et lambdoïdale, qui offrent une surface de la plus grande étendue à leur insertion [1].

Une autre observation nous conduira à une évaluation encore plus juste de la résistance qui est confiée aux dents canines. Voyons avec quelque détail ces dispositions.

Les mammifères qui ont la bouche armée de dents canines pour la prise ont quatre de ces dents. Deux appartiennent à la mâchoire inférieure, deux à la supérieure. Elles ne sont cependant pas toutes de la même portée; elles sont toujours, et dans tous les mammifères, autant que je sache, inégales. Les dimensions des inférieures sont toujours moindres, et en même temps elles sont plus en avant, et comprises entre

[1] Voyez Duvernoy, *Archiv. du Muséum,* t. VIII, p. 181.

les deux supérieures. Les supérieures qui sont plus exposées au dehors, et plus en arrière dans la mâchoire, sont plus grandes et plus fortes.

Considérons à présent que, dans l'action de mordre et de tenir ferme une proie qui lutte et s'efforce de fuir, toute résistance des dents canines est d'arrière en avant; on voit alors avec quelle intelligence on a calculé de porter la majeure résistance sur les dents canines supérieures. Elles ont en effet encore une prépondérance de vigueur, parce qu'elles sont implantées dans les os de la tête[1].

Or, on trouve cette loi appliquée à toutes les bêtes farouches, de même qu'à l'Orang-outang, au Chimpanzé et au Gorille. Les deux supérieures sont dans ces singes plus fortes, externes et postérieures.

Tout prouve donc que les mâchoires de ces derniers animaux sont capables de grands efforts. Une autre condition même s'ajoute pour concourir à cet effet. Il est clair que toute résistance, enfin, est transportée du point de prise, c'est-à-dire des canines, au point d'union de la tête au tronc. Supposer cette connexion faible comme elle l'est dans l'homme, ce serait supposer la force des canines illusoire et trompeuse. C'est donc une conséquence des lois de la dynamique que la présence des aspérités circumoccipitales, et la grande extension de la crête lambdoïdale. Ces dispositions des parties sont réclamées par l'accord des forces qui doivent jouer dans ce mécanisme; ou, en autres termes, c'est un arrangement approprié à donner la résistance nécessaire à l'attache de la tête avec les vertèbres cervicales.

[1] Les dents canines du lion et du tigre sont munies de deux crêtes longitudinales tranchantes, une du côté interne, l'autre à la face postérieure. Elles donnent aux dents la faculté d'ouvrir une blessure plus facilement et plus profondément. Cette même disposition se trouve chez le Chimpanzé. Les canines ont une arête tranchante en arrière avec un sillon qui sépare cette partie tranchante du corps de la dent dans les supérieures ; elles sont très-fortes, un peu arquées en arrière et portées obliquement en dehors. (Duvernoy, *Archiv. du Muséum*, t. VIII, p. 15). Je regrette infiniment de n'avoir pu utiliser dès le principe de la rédaction de cet article, le travail de M. Duvernoy, et un autre de M. Geoffroy-Saint-Hilaire, insérés dans les *Archives du Muséum*. Comme elles me sont arrivées trop tard, j'ai dû me limiter à les indiquer par de simples notes.

Une autre observation encore. La crête sagittaire et la surface antérieure de la lambdoïdale présentent, avons-nous dit, une large surface à l'adhérence des muscles. Les muscles, et la puissance qu'ils représentent, sont donc très-développés. Il s'ensuit, par stricte conséquence, que la face postérieure de la crête lambdoïdienne doit offrir une surface postérieure très-ample pour l'adhérence des muscles cervicaux. Tout développement et toute puissance de muscles maxillaires, accompagnée de dents canines, importe évolution et force dans les muscles et dans les ligaments cervicaux. Les premières opèrent la prise, les secondes donnent la tenacité et la résistance [1].

Pour revenir à notre point de départ, nous ajouterons que pour rendre raison des différences qui existent dans la partie occipitale des crânes des Singes anthropomorphes adultes d'un côté, et du crâne humain de l'autre, il y a deux arguments : 1° l'excédance du poids de la tête à cause de l'excentricité du trou occipital ; 2° le tiraillement de la tête dans l'acte de la préhension avec les canines.

Un autre point appelle à présent notre attention.

Les Singes anthropomorphes adultes ont des dents canines plus allongées que celles de l'Homme ; ces dents, a-t-on dit, sont *plus développées que celles de l'Homme*. Ce fait et cette assertion méritent d'être examinés attentivement.

Je trouve dans le crâne d'un mammifère carnivore (le Lion, le Tigre, etc.), l'appareil osteo-myologique moteur des mâchoires, très-développé. Un appareil de telle sorte a, sans doute, deux opérations à accomplir : 1° la mastication ; 2ᶜ la prise avec les dents canines. Deux opérations, dis-je, distinctes l'une de l'autre et qui ne sont pas contemporaines, car mâcher n'est pas prendre et tenir une proie avec les canines, et, par la raison contraire, saisir et serrer une proie n'est pas la manger. Cherchons à différencier ces deux fonctions autant que possible. L'opération de mâcher se réduit, chez le Lion, le Tigre, le Chat, etc., à découper simplement

---

[1] On comprend aisément qu'une importance toute particulière dans cette recherche est dévolue aux premières vertèbres par leur forme. Ces pièces n'étaient pas dans ma possession.

la chair, car ils ont les dents mâchelières tranchantes ; mais aucune n'est tuberculeuse. Il s'ensuit que c'est à grand'peine s'ils peuvent fracturer des os. La mastication de ces animaux est donc une opération, comme nous le voyions tout à l'heure, très-lente, et qui exige un effort très-petit des muscles massetère et crotaphite. Ces muscles, au contraire, déploient tout entière leur puissance lorsque ces animaux saisissent une proie qui lutte et se débat, ou bien lorsqu'ils doivent la traîner à leur tanière ou dans le bois. Dans ce cas, l'appareil musculaire est appliqué au service des canines qui sont si robustes, et qui, enfoncées dans la proie, la retiennent sans lâcher prise. Donc la force produite par l'appareil osteo-myologique moteur des mâchoires est appliquée en minime partie quand il s'agit de mâcher, et à son maximum quand il s'agit de prendre et de retenir[1].

Je passe à présent à considérer le crâne humain. On n'y trouve aucune dent de prise, car aucune canine ne s'élance hors de la ligne des autres. La dentature tout entière sert ici à une seule des deux opérations indiquées, c'est-à-dire à l'opération de mâcher. L'appareil moteur est donc tout entier au service de cette seule fonction. On peut ajouter même qu'il est proportionné à l'effort nécessaire pour la manducation. Or, considérant l'appareil osseux et musculaire qui dans l'homme sert à cette fonction, on trouve au premier coup d'œil jeté sur un crâne humain, qu'il est très-petit.

En troisième lieu, je prends à examiner le crâne d'un Gorille ou d'un Orang-Outang adultes. Ici les molaires et les incisives sont semblables à celles de l'Homme. Les canines seules sont différentes, car elles sont longues, coniques, très-robustes. Nous pouvons raisonnablement supposer que dans la manducation, ces animaux emploient une quantité de force motrice proportionnée à celle de l'homme, ce que l'on peut

[1] Il ne s'ensuit pas de tout cela que la grande force résultante de l'appareil osteo-myologique signalée dans les carnivores, ne puisse pas être quelquefois appliquée au service des molaires. L'animal en étant fourni, il s'en sert au besoin et produit ces effets impropres aux dents en question, comme lorsqu'un tigre fléchit ou rompt les barres de sa cage. Souvent, dans ces usages impropres, les dents mêmes se brisent. Mais la destination primaire du robuste appareil moteur est pour les dents canines.

largement évaluer à 2/10⁰ˢ du grand appareil osteo-myologique. Cela posé, il reste 8/10ᵉˢ de la même force produite, et
représentée par cet appareil, qui ne se consomment pas dans
l'acte de la mastication; elle est donc appliquée au service des
canines. En d'autres termes, les grandes canines et la plus
grande partie du grand développement des muscles et des crêtes osseuses, forment une chose toute à soi, etc., qui n'est pas
destinée à la mastication, mais à la prise. Si dans les Singes
anthropomorphes l'appareil moteur était seulement pour mâcher, il serait quatre fois plus petit, et on n'y trouverait ni des
crêtes céphaliques, ni des fosses, ni des arcades zygomatiques
si avancées; il serait, en un mot, semblable à celui de l'Homme.
Or, tout le surplus de cette force tourne au profit des dents
canines, pour servir au combat et pour une action farouche.
Il n'est donc pas exact de dire que le développement extraordinaire de puissance musculaire soit un accroissement
pour l'usage des mâchoires en général, mais il prend le caractère d'un appareil spécial et à part, un *appareil férin* qui
manque à l'Homme. La dent canine des Singes anthropomorphes n'est donc pas seulement une dent, comme on l'a dit, un
peu plus longue, un peu plus développée; mais, par sa connexion avec l'appareil susdit, elle forme un instrument particulier et un caractère spécial. C'est le caractère du Lion, du
Tigre, etc. Le Gorille et l'Orang-Outang, et autres semblables,
sont donc des bêtes farouches. Et l'homme, qui manque de cet
appareil ou de cet intrument, est *inermis*, selon la définition
très-juste de Blumembach.

Je me permets, pour un instant, de porter mon attention
sur un champ de plus grande étendue. Je crois qu'on peut
dire que dans la classe des mammifères (autant que j'ai pu
l'observer), chaque être qui est muni de dents canines pour
la prise, a l'appareil moteur de la mâchoire inférieure très-
développé. Au contraire, ceux qui manquent de ces dents
canines, ou ne les ont pas pour cette fonction et n'ont des
dents que pour la mastication, ont cet appareil petit et res-
treint. Le bœuf, le chameau, le cheval sont une preuve de
cette assertion.

Revenons au point principal. Personne au monde ne peut

douter que les mâchoires des Singes anthropomorphes adultes, n'aient des canines très-développées, coniques et fortes. De plus, c'est un fait manifeste et qui ne pouvait passer inobservé. Bien qu'on n'ait pas attribué à ces dents la grande importance et le haut degré de signification que nous y avons trouvés, toutefois elles ne pouvaient s'offrir que comme un caractère, une marque de nature farouche et brutale comparativement à l'homme. Il est bon pourtant de voir quel compte en ont fait ceux qui prétendent égaler l'Homme aux Singes. Je prendrai le dernier auteur, suivant l'ordre des temps, le professeur Huxley.

D'abord en commençant à parler de la dentature [1], il fait remarquer que chez l'Homme, aussi bien que chez les Singes supérieurs, il y a, à divers âges, des dents de lait et des dents permanentes. Ensuite il passe à décrire la série des dents de l'Homme dans toutes ses particularités. Puis il dit :

« Dans tous ces rapports, la dentature du Gorille peut être
» décrite avec les mêmes termes que celle de l'homme ; mais
» sous d'autres rapports, elle présente plusieurs différences et
» importantes. »

Les différences sont : 1° l'interruption antérieure dans la série des dents à cause de l'interposition des canines de la mâchoire opposée ; 2° la longueur des canines en forme de défenses ; 3° d'autres différences qu'offrent les molaires et les fausses molaires. Après, il conclut :

« Mais si les dents du Gorille ressemblent si exactement à
» celles de l'Homme quant au nombre, au genre et aux for-
» mes générales de leur partie coronale ; elles diffèrent toute-
» fois sous des rapports secondaires (*secondary respects*), tels
» que la grandeur relative, et le nombre des canines, et enfin
» l'ordre dans lequel elles naissent. »

La même comparaison est établie par l'auteur entre le Gorille et les Singes inférieurs, c'est-à-dire le *Cynocephalus*, le *Cebus*, et le *Cheiromys*. Il met de plus sous les yeux du lecteur la figure des cinq dentatures, celle de l'Homme comme point de départ, et ensuite celle du Gorille et des autres quadrumanes cités, et ensuite il dit :

Évidence, etc.

« Mais si les dents du Gorille sont comparées à celles d'un
» singe d'un rang inférieur à un *Cynocéphale,* on observe des
» différences, et des ressemblances du même ordre ; mais il
» faut observer encore que si sous plusieurs rapports, le Go-
» rille ressemble à l'Homme, sous ces rapports mêmes il se
» différencie du *Cynocéphale,* tandis que certaines particula-
» rités par lesquelles le Gorille diffère de l'Homme sont exagé-
» rés dans le *Cynocéphale.* » Et la conclusion que l'auteur tire
de tout cela est celle-ci : « Il est donc clair que quoique la
» dentature des singes plus élevés, diffère beaucoup de celle
» de l'homme, toutefois elle diffère de beaucoup plus de celle
» des singes inférieurs. »

Toute la force de cet argument se réduit, si je ne me
trompe, à ces deux points : 1° Tous les hommes sont parfaitement d'accord que le Gorille et le Cynocephalus sont des animaux de même nature, qu'ils sont des Singes ; 2° les différences qui existent entre les deux quadrumanes, sont plus
grandes que celles qui existent entre le Gorille et l'Homme ;
donc *a fortiori* on doit conclure que l'Homme est du même
ordre et de la même nature que le Gorille.

Je ne m'arrêterai pas à considérer combien cet argument
est contraire à tout bon raisonnement, et je me limiterai à
examiner le fond de ses assertions, qui, comme on le voit,
porte entièrement sur les différences. Le professeur Huxley
prétendrait-il qu'on doive attribuer la même valeur aux différences qui existent entre la dentature de l'Homme et du
Gorille, et celles qui existent entre le Gorille et le Cynocephalus et le Cabus ? S'il prétendait cela, nous pourrions lui dire
avec Pline : *Quod et credidisse eum, vel sperasse aliis persuaderi
posse, quis non miretur* [1] ? Il a avoué que les différences entre
l'Homme et le Gorille tombent sur des rapports secondaires
(*secondary respects*) ; mais il ne faut pas oublier que dans le
nombre des choses secondaires entrent aussi le nombre et la
grandeur des canines ou défenses. Si ce caractère, si des particularités telles que les défenses ou canines de l'Orang-outang,
du Gorille, du Chimpanzé sont un caractère secondaire, chacun peut le juger par ce qui a déjà été dit à ce sujet.

---

[1] Pline, *Hist. nat.,* l. xxxvii, 11, n. 10.

L'auteur anglais n'a-t-il donc pas aperçu que les canines des Singes anthropomorphes adultes sont en relation, en rapport, je dirais presque en conséquence organique avec la vigueur des os et le développement des forces musculaires? N'a-t-il pas vu que ces particularités constituent ou forment une nature *férine,* diamétralement opposée à celle de l'homme inerme et doué de la mansuétude? Il n'a donc pas considéré que malgré que l'on se plaise à donner de l'importance aux caractères de la dentature du *Cynocephalus* et du *Cebus,* on n'a jamais autre chose qu'une même nature avec le Gorille, nature tout simplement variée, tandis qu'au sujet de l'Homme on a une nature différente? Les défenses du Gorille, de l'Orang-outang ont réclamé le grand développement des cordes musculaires, et par conséquent des modalités spéciales dans les os de la partie postérieure de la tête; et ont exigé de plus une particulière évolution des forces connectives de la tête au tronc. Par conséquent, toute la tête est conformée suivant un sens déterminé, dans le sens de l'instinct, ou caractère de l'animal; car il est bien clair qu'il ne suffit pas de posséder une arme, il faut encore avoir le courage et la force de s'en servir. L'Homme n'est pas muni de l'arme des défenses, il n'a pas les forces motrices développées pour la faire agir, il n'a pas la tête conformée dans ce sens.

La nature de ces deux êtres, l'Homme et le Gorille, est encore différente dans toutes ses conséquences.

Le Gorille a tout ce qui lui appartient pour sa propre conservation et sa défense. Sa conservation est restreinte entre des limites étroites, sa nourriture consiste dans des produits végétaux qu'il va recueillir, en rampant perpétuellement dans les régions où les végétaux se reproduisent perpétuellement. Voilà la raison pour laquelle les Singes habitent la zone chaude. Pour se défendre, ces animaux se servent des défenses ou canines avec lesquelles ils combattent leurs rivaux, ou les ennemis qui menacent leur vie ou celle de leurs petits. C'est à quoi se réduit toute la vie des Singes.

L'Homme, au contraire, voyage sur toute la terre, il se procure des aliments de toute sorte, dans toutes les zones, dans toute saison. Il manque de toutes sortes d'armes et toutefois il devient le plus fort de tous. Il opère toujours par une vigueur propre et intime, il domine.

Le Gorille emploie servilement des ressources peu nombreuses et limitées qui lui sont assignées par la nature. Elles lui suffisent toutefois pour son bien-être qui est stationnaire et invariable.

Il semble donc que ce sont deux natures diverses, et bien éloignées entre elles ; même lorsqu'on les considère sous le seul point de vue de la dentature et des modalités conséquentes de la tête.

Nous connaissons bien le caractère de l'Homme. Il est bon de connaître aussi celui des Singes anthropomorphes, afin d'éclaircir et de confirmer ce que nous avons dit par avance. En effet, aujourd'hui nous avons l'avantage de posséder de puis peu dans la science des notions exactes sur ces animaux. Or, si l'on lit attentivement la relation donnée par M. Chaillou sur ses *Voyages dans l'Afrique équatoriale*[1], où il parle du Gorille, on en conclura que ces animaux sont de farouches quadrumanes. Ils sont farouches aussi bien par les moyens matériels que par la force et par l'instinct. Cependant ils sont tels à l'âge adulte, car lorsqu'ils sont jeunes, ils sont ce qu'on les voit communément dans les ménageries, c'est-à-dire faibles et doux. L'Auteur de la nature a fourni à l'individu, lorsqu'il l'a fait, *sui juris*, toutes les ressources pour se défendre, pour se maintenir et pour conserver en même temps sa propre espèce. Il a refusé ces ressources au premier âge auquel il n'a donné qu'un seul bien, c'est-à-dire la vigilance maternelle.

D'après ce que nous avons dit jusqu'ici, il serait inutile d'ajouter même un seul mot pour prouver que le crâne humain et celui des Singes anthropomorphes adultes, diffèrent de beaucoup entre eux. Il n'en est pas de même dans la jeunesse. Dans cet âge, les deux crânes se ressemblent, nous l'avons dit, ils se ressemblent surtout par la globosité de la boîte céphalique, par le manque de crêtes, par la petitesse des mâchoires et des dents canines, par les arceaux zygomatiques

[1] *Voyages et aventures dans l'Afrique équatoriale*, par P. de Chaillou. Paris, 1863.

déprimés, faibles. Alors l'Homme et les Singes anthropomorphes, dans leur premier âge, sont tous les deux dans
l'état de faiblesse et de mansuétude. Mais lorsque tous les
deux sortent de l'enfance, ils se diversifient. L'Orang-outang,
le Chimpanzé, le Gorille entrent dans la vie farouche et vio-
lente. L'homme s'accroît sans doute, mais ne change pas; il
poursuit sa course, restant faible et doux. *Natura certo sciebat*, a
dit Galien [1], *se animal mansuetum* (hominem) *ac civile effingere,
cui robur et vires essent ex sapientia, non ex corporis fortitu-
dine.* En effet, combien peut-on dire que l'homme a peu d'armes en sa possession en voyant que ses mâchoires sont peu
avancées et si faibles, avec des canines nivelées à la hauteur
commune des autres dents, avec des muscles massetères et
crotaphites aussi peu valides, et enfin avec des cordes d'aussi
peu de valeur pour attacher la tête aux vertèbres? Hors
les mâchoires, quelle autre arme lui reste-t-il? Le défaut de
forces physiques, l'espèce d'abandon dans lequel la nature l'a
laissé exposeraient l'Homme à une destruction très-prompte
et inévitable de son espèce, si une valeur d'une autre sphère
ne lui avait été accordée, c'est-à-dire l'intelligence : *Robur et
vires ex sapientia.*

Mais chaque espèce reste enfin à une certaine période sans
l'appui de ses père et mère. L'une d'elles (Singes anthropomorphes) acquiert son total développement, son indépendance
par la force férine et brutale; l'autre (l'Homme) par l'évolution de ses facultés intellectuelles. C'est alors que le corps de
l'Homme et surtout ses mains vont acquérir l'énergie qui
s'applique aux choses qui l'entourent, et à cause de cette énergie, il n'y a pas d'animaux si féroces qu'il n'enchaîne et dont
il ne reste vainqueur.

Il n'est pas supposable, je pense, qu'il y ait quelqu'un qui
songe à prouver la parité de nature par la ressemblance
des premiers âges. Les Singes anthropomorphes ont une
ressemblance par leur tête avec l'Homme, lorsqu'ils sont
jeunes; c'est vrai. Les deux espèces ont donc une nature
commune au moins dans cette première période? Non, il n'en
est pas ainsi. Et la réfutation de cette hypothèse, on la trouve

____
[1] *De usu partium*, II, c. 9.

dans une idée très-simple, formulée savamment par un écrivain de nos jours : *L'origine d'une chose, c'est une partie de la chose même.* Car ainsi que la source est partie du ruisseau, la tête de l'Orang-outang, ou du Gorille à la période enfantine, c'est déjà la tête du même animal non encore développée ; mais elle contient déjà dans ses germes mêmes une évolution déterminée, et plus précisément une évolution dans le sens férin de l'Orang-outang et du Gorille. S'il était donné à l'œil humain de porter ses regards dans le fond des objets, on verrait que les diverses parties ne peuvent pas croître sans prendre les crêtes sur la tête, les arcades zygomatiques, car l'organisation tient déjà l'empreinte de ce qui doit enfin se développer. La tête est déjà, jusque dans son principe, dans cette forme inévitablement assignée.

Par contre, dans l'Homme enfant, tout est d'abord organisé pour l'évolution dans un sens déterminé et non dans un autre. C'est dès son principe une tête humaine, soit quant à l'organisation primordiale, soit quant à la nécessité inévitable de se développer dans une direction donnée.

Ainsi la première est une tête d'Orang-outang, et la deuxième une tête d'Homme, différentes *virtuellement* l'une de l'autre autant qu'elles le sont dans l'adulte. On ne les juge semblables qu'autant qu'on regarde seulement les apparences superficielles.

L'observation alléguée que l'origine d'une chose fait partie de la chose même suffit encore à détruire, si je ne me trompe, une deuxième preuve mise en avant par le professeur Huxley et autres. Il dit : « L'homme est identique dans le progrès » physique dès son origine ; il est identique dans les premiè- » res périodes de sa formation, identique dans la manière de » se nourrir avant et après sa naissance avec les animaux qui » sont immédiatement inférieurs dans la série zoologique. » Accordons, si l'on veut, que l'embryon du Gorille et celui de l'Homme soient, quant à leur conformation, très-semblables : il ne s'ensuit pas de là qu'ils aient une identité entre eux, ou ce qui revient au même, une unité d'organisation. Pour détruire cette supposition, il suffit de dire : Attendez que ces deux embryons s'avancent dans la carrière qui leur est assignée; attendez leur dernière évolution ; si les êtres qui en dérivent diffèrent entre eux ; sans doute les embryons aussi qui leur donnèrent l'origine diffèrent, parce que ceux-ci sont déjà partie intégrante de l'Etre adulte; encore plus, ils sont l'Etre même dans toute son essence, sauf l'évolution. Et celle-ci, l'évolution, n'est ni changement, ni une déviation, mais c'est une continuation et un complément direct.

Personne sans doute, ne serait dans le cas de savoir distinguer avant l'incubation aucune différence entre la cicatricule de l'œuf d'un faucon et celui d'un canard. Mais la fonction de l'évolution lorsqu'elle survient, ne peut avoir lieu que dans un sens déterminé. C'est-à-dire elle développe le faucon dans le premier cas et le canard dans le second. Les deux cicatricules différaient donc entre elles autant que diffèrent entre eux un faucon et un canard.

Je veux examiner maintenant la capacité de la boîte céphalique de l'Homme aussi bien que celle des Singes anthropomorphes. La considération sur laquelle j'appelle l'attention du lecteur n'est pas sur la dimension absolue, mais sur les dimensions comparées entre l'individu jeune et l'adulte.

Je prends un crâne humain d'un individu de l'âge de *trois* ou *quatre* ans; je le pèse, après je le remplis soigneusement de sable fin, et je le repèse de nouveau. Je déduis du second poids le premier, il me reste le poids du sable qui occupait toute la cavité. Le sable est un représentant de la boîte craniale.

Avec la même méthode, j'ai pesé aussi le crâne d'un Homme adulte, celui d'un Orang-outang jeune, et celui enfin de l'Orang-outang adulte.

Les quantités résultées sont les suivantes :

Homme de trois ans	1,096 gr. 46
— adulte	2,086 70
Orang-outang jeune.	512 40
— adulte	587 86

J'ai procédé plus avant, et j'ai déduit le chiffre représentant l'âge du jeune de celui de l'adulte. J'ai obtenu :

Homme.	996 gr. 24
Orang-outang	75 46

Ces deux chiffres me donnent la quantité de l'accroissement et de la dilatation de la cavité céphalique pendant le passage de l'enfance à l'âge adulte; dans l'homme et dans l'Orang-outang. L'agrandissement de la cavité céphalique (réduit en chiffres ronds) est de 1,000 environ dans l'Homme et de 80 dans l'Orang-outang.

Lorsque les deux crânes sont dans l'enfance, ils se ressemblent au *maximum*. Aussitôt après commence l'évolution vers le complément de chaque espèce; mais une telle évolution, nous l'avons dit, est divergente. En effet, par les chiffres cités ci-dessus, on comprend combien elles diffèrent. Dans l'Homme, c'est au *maximum*, dans l'autre c'est au *minimum*.

Mais que dis-je? Une évolution, et très-grande, a lieu encore dans l'Orang-outang. Le poids comparatif du jeune et de l'adulte vides de sable, fait voir que le crâne s'accroît de 944,30 gr. de l'enfance pour passer à l'âge adulte. L'évolution donc de ce quadrumane va s'effectuer sur le développement de la partie osseuse, c'est-à-dire de la partie qui sert à la force. D'abord avec une cavité céphalique relativement petite, l'Orang-outang déploie son évolution dans les crêtes sagittale et lambdoïdienne, et dans l'énorme agrandissement des mâchoires, des arcades zygomatiques, etc.

Dans l'Homme, le poids du crâne de l'enfant et celui de l'adulte a donné une différence de 431,10 gr. L'agrandissement de la tête humaine se fait donc par l'ampliation de la cavité céphalique, mais très-peu de la partie osseuse.

Il me fallait arriver à ce dernier résultat pour confirmer ce que j'avais avancé, c'est-à-dire que l'évolution du crâne humain se fait dans le sens du développement et de l'ampliation des facultés *cérébrales*, et dans les quadrumanes par l'extension des facultés *violentes* et *brutales*.

SECTION 2e. — **Des extrémités**.

L'erreur célèbre du plus grand des philosophes de l'antiquité, lorsqu'il définit l'Homme un *animal bipes et implume*, nous fait connaître que dans tous les temps on avait considéré la station verticale de l'Homme comme un caractère tout propre et qui le distinguait de tous les autres animaux. Cette

opinion est parvenue jusqu'à nous avec cependant des rectifications. On trouve, en effet, parmi les définitions zoologiques les plus réputées celle de Blumembach : *Situs erectus,
manus duæ, pedes bini ;* ou bien celle de Buffon : *L'homme bimane et bipède,* définition qu'il opposait à celle des Singes
qu'on appelait *Quadrumanes.*

Aujourd'hui on regarde ces définitions comme vieillies ; on
les rejette et on donne aux idées une autre direction. Tel savant avait dit que l'Homme a *quatre mains,* et non pas *deux
mains* et *deux pieds* ; tel autre s'engage à nous démontrer que
ce qu'on appelle *main postérieure* des Singes est véritablement
un *pied.* Par ces raisons, la distinction entre *Bimanes* et *Quadrumanes* ne serait pas admissible. Ceux-là font de l'Homme et
des Singes un seul ordre qu'on nomme des *Quadrumanes ;*
ceux-ci les appellent tous *Bimanes* et *Bipèdes.* Deux opinions,
comme on le voit, diamétralement opposées, mais qui reviennent au même résultat, c'est-à-dire qu'il n'y a pas de distinction zoologique entre l'Homme et le Singe.

Après l'examen du *crâne* que nous avons fait, il faut passer
à présent à cette seconde question qui regarde les *Extrémités.*

Il semble qu'on ne s'est pas entendu sur la nature et sur les
différences de la *Main* et du *Pied ;* car sans cela le désaccord
qu'on voit entre l'opinion des anciens et celle des modernes
ou celui des modernes entre eux n'existeraient pas. En réalité,
l'on ne sait pas bien ce que c'est que la *main* et le *pied.* Question qu'on dirait très-facile à résoudre, mais qui offre en
réalité des motifs de divergence très-notables.

Une définition zoologique de la main a été suivie bien
longtemps, et c'est celle qui a été donnée par Cuvier : « Une
» extrémité dans laquelle le pouce, opposable aux autres
» doigts, peut servir à prendre les corps les plus petits.» Cette
définition convient bien à la main, mais elle convient encore
à celle de beaucoup de Singes, qui ont un pouce plus ou
moins grand, lequel est aussi en opposition aux quatre doigts.

Isidore Geoffroy-Saint-Hilaire vit combien une telle définition était peu juste, lorsqu'on l'appliquait aux Singes qui ont
un pouce si petit qu'on l'appellerait mieux un tubercule ; ou
encore à ceux qui en manquent entièrement comme les *Até-*

les : et cependant ces animaux sont sans contredit de vérita-
bles Singes, de même que ceux qui ont quatre mains. Cet
ilustre savant propose donc d'appeler main : « Une extrémité
» qui étant fournie de doigts allongés, profondément divisés,
» très-mobiles, très-flexibles, est capable de saisir les corps[1]. »
Il jugea qu'une telle définition serait suffisante au besoin de
la science et qu'on pourrait alors dire logiquement que tous
les Singes sont *Quadrumanes* et l'homme vraiment *Bimane.*

Ainsi on devrait appeler main celle qui manque de pouce;
car elle peut saisir en opposant les quatre doigts à la paume,
et d'après cela même le Pied de l'Homme n'est jamais une
main, car ses doigts sont courts, non profondément divisés,
peu mobiles, peu flexibles.

Si la définition donnée par Cuvier est défectueuse en ce
qu'elle refuse le nom de main aux extrémités des Atèles et à
d'autres Singes, parce qu'elles manquent de pouce, la définition de M. Geoffroy Saint-Hilaire a de son côté troublé l'idée
naturelle et ancienne de la main, qui se rapportait premièrement à celle de l'Homme et après à toute autre main qui res-
semblait à celle-là. La définition de Geoffroy Saint-Hilaire a le
défaut d'enlever à la main la plus gracieuse de ses qualités,
c'est-à-dire d'avoir un pouce opposable[2].

Il paraît que le désaccord vient de ce qu'on n'a pas distin-
gué deux fonctions fort différentes de la main; l'une commune à toutes les mains, l'autre propre seulement à un petit
nombre d'entre elles.

Lorsque je me mets à considérer la main de l'Homme, je
vois qu'elle fonctionne quelquefois de telle manière que toute
la main agit par une action compressive. Lorsque ma main
prend une branche d'arbre, mes quatre doigts l'entourent par
un côté ; à l'autre il y a le pouce, et au milieu entre les deux
il y a la Paume. La prise alors est complète, forte et bien assurée. Mais je puis encore empoigner le tronc d'arbre avec les
quatre doigts en les comprimant contre la paume sans aucune coopération du pouce. Les quatre doigts font leur
action simultanément contre la Paume; c'est donc une ac-

[1] *Hist. nat. des Règnes organiques*, t. I, p. 199.
[2] Voy. Bell, *The hand*, 1852.

tion compressive et elle est en accord, comme on le voit, avec la définition de Geoffroy Saint-Hilaire. Cet acte, cette préhension peut, en effet, s'effectuer par les Singes qui ont la main privée du pouce.

D'autre part, lorsque je prends un grain de sable, ou une petite fleur, je ne me sers pas de la main à la manière décrite ci-dessus ; mais j'emploie le pouce en l'opposant à l'index, ou bien à quelque autre doigt. Tout le travail ici va s'effectuer par les doigts ; et on peut ajouter qu'ils n'agissent pas tous en même temps. Ce dernier office de la main est bien plus libre, plus indépendant ; mais on doit remarquer qu'il est variable, pour ainsi dire, jusqu'à l'infini. Or, c'est cette qualité qui fait de la main de l'Homme cet organe admirable duquel Cicéron a dit : *Quam vero aptas, quamque multarum artium ministras manus natura homini dedit* [1]. C'est donc un acte spécial auquel concourent seulement quelques parties de la main, et dans lequel le pouce joue le plus grand rôle. Et la définition de Cuvier, comme on le voit, convient à cette définition.

A ces deux fonctions de la Main, l'une complexe, l'autre spéciale correspondent deux offices bien divers et qui mériteraient des noms différents. Je ne sais s'il y a de tels noms appropriés, mais dans le but de servir à la clarté du discours, j'appellerai *préhension* la première, et *digitation* la seconde [2].

Une fois ces opérations distinguées, il est clair que toute main avec ou sans pouce, peut exécuter la *préhension*, tandis que la *digitation* est possible seulement à la main qui a un pouce dont les dimensions sont en proportion réglée avec les autres doigts.

Maintenant je vais appliquer ces considérations générales aux anciennes discussions sur les Quadrumanes et sur

---

[1] Cic. *De natura deorum*, l. ii, c. 60. — La construction de la main a été reconnue si sage et si surprenante que Newton a pu dire : « L'existence du » pouce seule suffit à démontrer celle de Dieu. » (Cité, *Bulletin de la Société anthropologique*, t. iii, p. 471).

[2] Il semble qu'on pourrait très-bien employer les mots français *empoigner* et *pincer* dont M. Duvernoy a usé (Voy. *Archiv. du Museum*, t. viii, p. 70).

l'Homme. Je trouve que tous les Singes sont des Quadrumanes dans le premier sens. Ils ont des mains pour la *préhension*. Mais ils ne le seraient pas dans le second sens, car quelques-uns manquent de pouce, et il y en a peut-être bien peu parmi les autres qui jouissent d'un pouce approprié aux actes de la *digitation*[1].

Par conséquent, la fonction générale et principale de la main du Singe, c'est celle de la préhension ; et encore cela a lieu dans les cas où la main est fournie d'un pouce opposable. Ici la main est un moyen pour saisir les branches des arbres et s'y fixer, tandis qu'elle joue un rôle secondaire, quand elle est employée par les Singes pour recueillir un fruit et le porter à la bouche, ou bien pour nettoyer et façonner ses petits.

L'homme fait usage aussi maintes fois de la main pour la *préhension,* mais l'emploi plus propre et plus caractéristique qu'il en fait, c'est la *digitation*. Je suis très-persuadé que sa main jouit des meilleures proportions dans les parties, par lesquelles l'Homme peut exécuter si facilement, si promptement et avec tant de précision et de sûreté les mouvements si variés qu'il doit effectuer. Je suis persuadé encore (comme l'expérience quotidienne nous le montre) qu'il a des mains capables d'exécuter les conceptions de son esprit, et qu'elles sont un moyen, un instrument bien ajusté et presque parfait, par lequel l'Intelligence peut agir sur le monde matériel qui nous entoure. Elles exécutent un travail d'autant plus parfait que plus élevée est l'Intelligence qui les guide. C'est alors que nous voyons les chefs-d'œuvre des grands maîtres dans les arts et dans les sciences.

Au contraire, je doute fort qu'une main d'Orang-Outang, de Chimpanzé, etc., puisse jamais se prêter à tous les offices que la main de l'Homme exécute avec tant de perfection[2].

Tout ce que nous avons dit jusqu'ici sert à confirmer l'opi-

---

[1] On voit déjà dans cette forme articulaire (du pouce avec le trapèze) que la main du singe est faite pour empoigner et nullement pour pincer (Duvernoy, *Arch. du Museum*, t. VIII, p. 70.)

[2] Il semble que l'appareil musculaire de la main des Singes s'oppose à l'indépendance des doigts dans ses mouvements (Voy. *Gratiolet*, etc.)

nion de Buffon et des autres naturalistes, c'est-à-dire que l'Homme est Bimane et bipède, et que les Singes sont tous des Quadrumanes.

Je conviens toutefois que ces conclusions ne sont pas encore bien claires et que nous sommes loin d'avoir exposé toutes les observations qu'on peut apporter à ce propos. Arrivons donc aux observations qui nous restent à exposer avant de nous occuper des deux opinions citées plus haut de M. Bory Saint-Vincent et du professeur Huxlay.

Depuis bien longtemps une différence a été signalée entre l'Homme et les Singes anthropomorphes à propos de la longueur des extrémités. Les bras du Singe sont plus longs que ceux de l'Homme [1]. C'est là une observation de fait ; on l'a signalée plusieurs fois, mais à ce qu'il me semble, on n'en a pas tiré les conséquences qui logiquement en découlent et qui ont un grand poids dans notre question.

Toute personne qui examine un des Singes anthropomorphes quelconque, ou bien ses squelettes, voit bientôt que, outre la grande longueur des bras, qui au moins arrivent sous le genou, il y a encore une grosseur très-marquée de ces extrémités antérieures sur les postérieures quant au volume, aussi bien que quant à la force qui leur est donnée. La moitié postérieure du corps d'un de ces Singes semble atrophiée, lorsqu'on la compare à la moitié supérieure ; et si l'on considère une moitié indépendamment de l'autre, on dirait que la moitié abdominale n'est pas la correspondante de la moitié thoracique, la première étant très-petite en comparaison de la seconde, si grande, si musculeuse et si robuste. Les bras devancent les extrémités postérieures d'un sixième ou d'un quart par la longueur ; mais il y encore une excédence proportionnelle dans la grosseur. Dans l'Homme ces proportions sont interverties. Ses bras sont toujours plus petits que les extrémités postérieures, non-seulement par la longueur, mais aussi par le volume et par la force. Les bras de l'Homme apparaissent minces et faibles, lorsqu'on les compare avec

---

[1] La grande longueur des bras et le peu de hauteur des jambes sont un des caractères qui distinguent le plus ce singe (Gorille) de l'homme... V. Figuier, *Année scientifique*, 1863, p. 293.

la cuisse et la jambe : *Non longitudo solum, sed et robur insigne crurum, si cum gracilioribus brachiis comparaverit* [1], dit Blumembach. Et on voit très-clairement une telle disparité dans le squelette même, lorsqu'on met vis-à-vis l'humerus et l'avant-bras avec le fémur et le tibia. Ces derniers os dépassent les autres d'un tiers environ par la longueur aussi bien que par leur grosseur et leur force.

Une construction semblable ne peut être considérée comme accidentelle, ou sans signification. Un organe donné remplit « une fonction donnée, et un arrangement donné » a une stabilité certaine par sa conformité aux lois de la » mécanique [2]. » Là où il y a plus de force dans les parties solides et dans les cordes motrices, là il y a aussi inévitablement une correspondance et une plus grande force dans l'action, et un effet plus grand dans le dernier résultat.

Le raisonnement que nous avons fait ici peut se convertir logiquement, il nous semble, dans cet autre : là où il y a un appareil de force plus grande, là est assigné un plus grand emploi de vigueur ; là il y a une fonction plus forte à remplir.

Maintenant revenons quelque peu sur nos pas. Dans l'Homme, avons-nous dit, ces extrémités plus fortes sont les inférieures ; dans les Singes anthropomorphes ce sont les supérieures. Voyons pour quels motifs il y a ces différences.

Les extrémités inférieures n'arrivent jamais dans aucun animal à autant de force et de grandeur que dans l'Homme, lorsqu'on compare ces extrémités avec la masse du corps. Au premier coup d'œil on voit que les extrémités inférieures du cheval ou du lion sont bien petites et pauvres à proportion du grand volume du corps. Elles ne pourraient supporter longtemps le poids du corps, si celui-ci devait tout entier et uniquement se soutenir sur elles. Mais si l'on considère que ce poids est divisé sur les extrémités antérieures aussi bien que sur les postérieures, on voit alors que celles-ci sont très-bien proportionnées. Les antérieures, en effet, se chargent d'une grande partie de la fonction de transporter le corps horizontal de ces animaux.

[1] Blumembach, p. 10.
[2] Brougham, p. 30.

Dans l'Homme, les extrémités inférieures sont obligées de porter le corps lorsqu'il demeure en repos, et de plus, lorsqu'il exécute les mouvements de translation et autres les plus variés. Elles suffisent très-bien à leur mission, comme chacun le voit. Mais l'on comprend cela encore mieux, lorsqu'on considère combien l'Homme par nécessité, ou par volonté, augmente le poids sur ces extrémités inférieures jusqu'à des proportions incroyables et telles, qu'elles surpassent trois et quatre fois le poids même du corps. Les extrémités supérieures ne prennent aucune part à tout cela. Donc, le volume et la puissance des extrémités inférieures étant si remarquables, on conçoit qu'elles ne le soient pas par accident; mais bien afin d'être en proportion avec les besoins du corps de l'Homme, de cet être auquel la naturelle condition de son existence et son industrie imposent les besoins les plus grands.

Or, dans les Singes anthropomorphes, les choses sont renversées. Les extrémités inférieures sont faibles et courtes, comme on vient de le voir. Par la brièveté et l'exilité de ses os, et l'infériorité de ses muscles, il est clair qu'elles ne seraient pas capables de porter le poids du corps par elles seules. Elles réclament donc le concours des extrémités antérieures, qui étant plus fortes et plus longues, ont l'attribution aussi bien que l'aptitude de porter une portion plus grande du poids du corps. Il est, du reste, facile à comprendre, comme dans l'acte de grimper, soit sur les arbres, soit les anfractuosités des rochers, que la principale partie d'action est confiée aux bras, soit lorsqu'ils tirent le corps, en montant, soit lorsqu'ils le soutiennent en descendant. Les bras étant donc appelés les premiers à de tels offices, à cause des plus simples lois de la statique, et y satisfaisant entièrement comme l'observation le prouve, il aurait été d'une fade surabondance que de donner aux jambes une grosseur et une grandeur de plus de ce qu'elles ont, et par conséquent, de ce qu'en effet il fallait.

L'inversion de force que l'on voit sur les Singes anthropomorphes, dans lesquels les extrémités antérieures sont les plus fortes, c'est une inversion raisonnée et conforme aux lois de la mécanique. Dans l'Homme ce sont les postérieures, dans les Singes anthropomorphes, ce sont les antérieures qui doivent jouir d'une plus grande force et de plus de dévelop-pement.

Mais il nous faut avancer encore. Les Singes anthopomor-phes étant fournis d'organes de préhension à toutes les extré-mités, ils ont dans chacune de celles-ci un instrument pour soutenir et transporter son corps. Lorsqu'ils rampent, elles se tiennent avec ses extrémités postérieures, aussibien et en même temps qu'avec les antérieures. Un Singe dont les bras seraient reliés, ou de quelque manière enveloppés avec le corps, serait dans l'impossibilité de se promener sur les branches des arbres. Là-dessus, il n'y a pas en effet une sur-face plane sur laquelle il puisse se promener en équilibre avec les deux extrémités postérieures seules. Au contraire, parmi les branches des arbres, il faut sauter, passer de l'une à l'autre, monter et descendre. Dans ces cas, l'équilibre n'est pas possible sans que l'animal soit aidé par ses mains anté-rieures. Il est donc nécessaire pour l'ambulation ordinaire des Singes de l'emploi simultané de toutes les extrémités, ou au moins de trois. Ce qui signifie que les extrémités pos-térieures n'ont pas un office différent de celui des antérieu-res dans leur service ordinaire. Toutes sont préhensibles; et les unes sont comme des succursales aux autres pour porter le corps, qui s'appuie indistinctement sur chacune soit des an-térieures, soit des postérieures. Les mains antérieures ont en partage la même charge que les postérieures; d'où cette con-séquence va suivre que les mains antérieures sont descen-dues à la fonction abjecte des extrémités postérieures, de même que dans le chien, le cheval, etc. ; et le Singe sous ce point de vue ne diffère presque en rien des Quadrupèdes. En effet, on ne trouverait pas de différence bien saillante sous ce rapport entre un animal qui marche avec quatre jambes sur le terrain et celui qui marche avec quatre jambes pré-hensibles sur les arbres. Dans les deux cas, les quatre extré-mités sont dans la même condition.

Mais dans l'Homme, la fonction de soutenir et de transpor-ter le corps est confiée aux extrémités postérieures seules; et

par conséquent, il n'a aucun besoin de s'aider par ses extrémités antérieures dans les exercices ordinaires et quotidiens.
Il s'en suit que les mains de l'Homme sont toujours et entièrement libres. Dégagées de la fonction servile et oné-
reuse de porter le corps, elles peuvent entièrement s'adonner
au service de l'intelligence. Le Gorille, le Chimpanzé et l'O-
rang-Outang ne pourraient jamais se consacrer à aucune des
opérations intellectuelles. Ses mains, préoccupées par le
genre d'habitation assignée absolument aux Singes (les branches des arbres), sont empêchées de servir aux usages propres des mains humaines ; et si l'intelligence leur était donnée, ce serait un surplus, une torture ou plutôt une
absurdité ; car il serait sans doute absurde d'avoir des
besoins avec les moyens pour les satisfaire, et en même
temps de se trouver dans l'impossibilité de profiter de ceux-
ci. L'intelligence et l'organisation des Singes sont des choses
inconciliables. Si Hallam avait fait attention à ces conséquences, il n'aurait pas dit : « Si l'Homme est fait aussi à l'i-
» mage de Dieu, il est fait aussi à l'image du Singe. La char-
» pente du corps de cet être qui a pesé les étoiles et asservi
» la lumière, s'approche de celle de la brute muette qui erre
» dans les forêts de Sumatra [1]. »

Au contraire, l'Intelligence convient très-bien à la machine humaine. Lorsque l'Homme dirige la translocation du
corps par les extrémités inférieures, en même temps, il mé-
nage les extrémités antérieures et les laisse libres pour les
fonctions propres aux arts, aux sciences et à la vertu.

Qu'on suppose, si l'on veut, que les mains de l'Orang-
Outang ou du Chimpanzé soient tout à fait identiques avec
celles de l'Homme par ses formes et par leur intime structure; eh bien, elles ne seraient pas pour cela identiques quant
à l'usage. Les premières seraient de leur propre nature con-
damnées à la *préhension*, les secondes seraient libres pour
exécuter toute fonction de *digitation*.

Ces mêmes observations prendront une nouvelle force par
l'examen du Pied auquel je vais maintenant porter mon attention.

[1] Lyell, *Ancienneté de l'homme*, p. 532.

Le Pied humain est une base destinée à supporter par elle seule le corps de l'Homme, soit qu'il reste immobile, soit qu'il se transporte d'un lieu à un autre. On n'a pas beaucoup à dire pour montrer s'il est bien approprié à ces deux fonctions, car une expérience quotidienne nous le prouve très-clairement, surtout lorsqu'on fait attention aux exercices du pas, de la course, du saut et d'une foule d'autres poses, aux mouvements les plus svelles et les plus rapides. Le dernier résultat est enfin celui-ci, qu'immanquablement le corps de l'Homme peut toujours exécuter par ses extrémités inférieures toutes sortes de mouvements libres aussi et très-assurés avec totale liberté des parties supérieures.

Cette petite machine toutefois, le Pied humain, est subordonnée à une organisation déterminée; car il va sans dire que toute forme ne serait pas également opportune. Des conditions spéciales, des lois de convenance physique et de nécessité organique doivent imprimer au Pied quelques formes et en exclure toutes les autres. Encore plus doivent-elles imprimer au Pied une forme déterminée et en exclure toutes les autres. Par suite de ces lois, le Pied est possible comme base du corps, ou en d'autres termes, il est ce qu'il doit être, et ce qu'il est en effet ; et il n'y a d'invention ou d'imagination qui puisse changer l'être (le Pied) en conservant la même fonction.

S'il y avait une personne qui pût étudier ce problème *a priori* suivant les principes désignés par les conditions que nous avons posées, elle serait conduite presque par la main à voir ressortir nécessairement les formes propres du Pied humain. Je n'ose pas aborder cette investigation, car c'est un problème qui convient seulement à ceux qui sont profondément instruits dans l'anatomie, et dans la statique. Je me borne à de simples et courtes considérations pour m'ouvrir la route à une comparaison du Pied humain avec celui des Singes anthropomorphes.

Disons par avance que la base offerte au corps humain par les Pieds peut être formée ou des deux pieds ensemble, ou d'un seul. La base est large et complète, lorsqu'elle est composée par tous les deux; elle sert alors à la station proprement dite, c'est-à-dire, lorsque le corps est stationnaire et ferme. Au contraire, c'est une base incomplète et transitoire lorsqu'elle est formée par un seul des Pieds, et sa fonction est, dans l'action, de changer le pas. C'est dans ce deuxième cas que des qualités spéciales du pied humain se présentent à notre considération, et c'est sous ce point de vue que je le prends à examiner.

Une base sert à supporter un corps, lorqu'elle peut recevoir en soi le centre de gravité, et de plus, lorsqu'elle peut supporter en outre, les dérangements et des oscillations du corps même. Sa figure sera donc déterminée par les directions des excentricités produites par les mouvements que le corps superposé doit accomplir.

Parmi les mille oscillations du corps de l'Homme posant sur son pied, il y en a deux, si je ne me trompe, qui sont les principales : l'une en avant à cause des mouvements très-variés de l'action quotidienne, l'autre vers le côté interne, quand l'Homme ayant à changer le pas, le poids de son corps porte successivement sur un seul des deux pieds. Il s'en suit de là que dans cet instant, le corps pèse de tout son poids, et en quelque manière se *déséquilibre*, sur le côté interne du pied. Ce sont deux oscillations inégales, car la première comprend les grandes excentricités causées par les bras tendus en avant chargés quelquefois de poids ; et la deuxième est moindre, et c'est pour cela qu'elle est momentanée.

La figure donc d'une base qui devrait satisfaire à ces deux directions des oscillations du centre de gravité, serait une figure qui comprendrait ou qui représenterait deux lignes droites, ou deux rayons disposés dans les mêmes directions ; c'est-à-dire un ou plusieurs en avant, et un ou plusieurs en arrière. Sur le point de concours des rayons, sur leur point central va s'élever la jambe. Il n'y a d'autre théorie mécanique des pieds des oiseaux coureurs, qui sont, on peut le dire, à leur tour des animaux bipèdes qui alternent le pas. Dans ceux-ci, deux lignes rigides sont dirigées en avant, le doigt medium et l'externe, et deux en arrière, le pouce et l'index. Je n'ai pas à dire un seul mot pour prouver que cette construction n'est pas applicable à l'homme pour bien des raisons.

Les lignes rigides du pied des oiseaux, ou les orteils qui forment la base de leur pied, sont à découvert, et sont toutes mises à leur place, selon les directions des oscillations du centre de gravité de leur corps. Au contraire, dans l'Homme, les orteils sont serrés ensemble en un faisceau à la partie antérieure du pied. Toutefois, bien qu'ils soient tous rassemblés en un faisceau, ils ne sont pas tous égaux ou uniformes, et cependant ils offrent encore les directions énoncées. Si je ne me trompe, il y a là quelque chose qui dévoile que dans une telle base, on a très-bien calculé pour fournir un appui plus résistant, et des lignes plus robustes par les parties et les directions dans lesquelles une plus grande force était nécessaire. Le pied n'est pas une base uniforme, ou une semelle homogène. C'est une machine accidentée de place en place, suivant les règles de la dynamique et de l'équilibre.

Examinons maintenant si, en effet, les choses sont arrangées de cette façon.

Des cinq séries présentées par les métatarses et par les phalanges, l'une est plus forte que les autres au delà du double; et on distingue au premier coup d'œil que c'est la série du pollex ou allux. Ce grand orteil, comme on l'appelle, est égal au plus long des autres, mais il surpasse de beaucoup les autres par sa grosseur, et conséquemment par sa force. La série des éléments osseux dont il est formé comprend en arrière, outre le métatarse, le grand cunéiforme, le naviculaire, l'astragale et le calcaneum. On peut considérer deux choses dans cette série primaire des os du pied : 1° sa conformation arquée, 2° sa direction.

La plante entière du pied est disposée en forme de voûte, mais l'arcture est plus développée, plus forte du côté interne, c'est-à-dire du côté du pollex. Il suit de cette disposition que le pied ne pose pas à terre avec toutes ses parties qui soutiennent tout entier le poids du corps. Mais lorsqu'on fait attention à l'action de marcher, bientôt on comprend que deux principalement pressent le terrain, la protubérance du calcaneum et l'apex du métatarse de l'allux. Or, il est clair que cette ligne ou série, c'est la primaire du pied, c'est-à-dire celle qui déploie une plus grande puissance, qui soutient l'effort principal, qui soutient la plus grande partie du poids surplombant. Les deux poids de pression marquent sans équivoque le principe et la fin de cette ligne.

Je vais examiner encore de plus près cet arrangement d'éléments osseux. On conçoit que telle série robuste et primaire forme une arcade qui d'arrière court en avant. Cet arceau toutefois n'est pas partout uniforme, ni par sa courbe, ni par sa force. On pourrait mieux le signaler en disant qu'il est formé par deux segments d'arc, l'un dont le rayon est plus court, c'est le postérieur, l'autre dont le rayon est plus long, c'est l'antérieur. Entre les deux s'implante la jambe. D'où il s'en suit qu'une charge beaucoup plus grande est donnée à la partie postérieure, une moindre à l'antérieure, qui, d'autre part, présente un bras de levier plus long. Cependant une seconde fonction est imposée à cette dernière partie, qui est de fournir une base aux variations ou déplacements du centre de gravité.

Nous connaissons à présent la ligne de la plus grande force du pied, comprise, comme on vient de le dire, entre les deux points, le calcaneum et l'apex du métatarse, plus les phalanges du pollex; il nous reste à considérer un autre côté de la question, la direction de la même ligne.

On peut supposer le pied inscrit dans un parallélogramme. A l'angle postérieur externe de celui-ci, nous trouvons la tubérosité calcanéenne, et à l'angle opposé antérieur l'extrémité du pouce. Entre les deux angles est comprise une ligne courbe. Il est alors facile de voir que cette ligne tombe sur la diagonale du parallélogramme même.

Continuant à nous aider de l'hypothèse de ce parallélogramme circonscrit au pied, nous pouvons à présent nous rappeler que les deux principales oscillations du centre de gravité du corps humain, dont l'une est dirigée antérieurement, l'autre latéralement, sont en rapport avec deux côtés du même parallélogramme, la première à la direction du côté longitudinal, l'autre du côté transversal. La série plus forte des pièces osseuses du pied étant sur la diagonale, il est clair qu'elle représente et est, en effet, la résultante des deux directions. Cette série une fois posée dans ces conditions, elle se

trouve très-bien placée et appropriée à satisfaire un dérange-
ment du centre de gravité ; et elle est la base déterminée par
les lois de la mécanique, aussi bien pour l'une que pour
l'autre direction. En tant que cette ligne de force se dirige en
avant, elle représente la direction longitudinale ; en tant
qu'elle se porte vers l'interne, elle représente la direction
transversale. Et puisqu'elle se porte en avant plus que vers
l'interne, on voit clairement que cette série plus forte est proportionnelle encore aux dérangements inégaux du centre de
gravité que nous avons noté.

Les métatarses et les phalanges des autres doigts concourent sans doute en union avec la ligne primaire à compléter
le pied et à composer une base plus large et plus adaptée au
corps de l'Homme ; cependant l'importance des autres doigts
paraît moins grande dans la constitution du pied. Sans le métatarse et les phalanges du pouce, un pied ne peut pas servir
à l'ambulation, tandis que, probablement, au contraire, il
pourrait encore accomplir ses fonctions, quoique moins parfaitement à la vérité, sans tel ou tel autre des quatre doigts.
Lorsqu'on enlève le métatarse du pouce, on prive le pied de
son appui antérieur et interne. Sans le pouce, la force et l'é-
quilibre manquent. La série diagonale qui comprend le
pouce, c'est l'axe du pied, et si elle vient à manquer, ou si
elle est fracturée, le pied humain est une impossibilité.

L'on ne pourrait même songer à un changement de direction du pouce, sans se heurter contre des difficultés qui sont
en contradiction avec les fonctions que le pied doit accomplir. Il est vrai que la manière avec laquelle les peuples civi-
lisés portent le pied serré dans des chaussures, sert à le dé-
grader quelque peu dans ses formes ; mais il reste toujours
bien arrêté que la direction antéro-latérale du pouce même
est déterminée par le ligament transversal qui rend impossible toute déviation et écartement [1].

____

[1] Pour comprendre encore mieux l'importance de l'axe pollicaire, on peut
considérer que le pouce seul dans certaines occasions est mis en action, et
soutient le corps transitoirement. Et ce qui mérite une considération toute
spéciale dans ce cas-ci, c'est que la pointe extrême du métatarse, ainsi que es
phalanges, sont les parties qui supportent seules tout le poids. Cela a lieu dans

On peut ajouter qu'une nouvelle preuve de la nécessité que
le métatarse se trouve précisément à la place qu'il occupe,
c'est la présence *du ligament transversal* qui sert à fixer la tête
antérieure du métatarse aux quatre petits doigts. Le métatarse pollicaire est donc immobile et sa robuste extrémité antérieure est invariablement arrêtée là au point où, comme
nous l'avons vu, elle est réclamée pour donner la force et
l'équilibre au pied. Au contraire, dans la main, le ligament
transversal lie ensemble les quatre doigts, mais il ne se rat-
tache pas au métacarpe pollicaire. Celui-ci est donc entièrement libre et dégagé. Chacun comprend dès à présent combien est importante une telle observation, par rapport à
l'examen que nous allons faire sur les extrémités des Singes.

En résumant ces considérations sur la théorie mécanique
du pied (qu'on pourrait agrandir sans doute en utilisant les
travaux des anatomistes) je signalerai : 1° que les formes d'un
pied pour la station et l'ambulation bipède, ne peuvent être
que celles qui sont en accord et peuvent satisfaire aux conditions qu'exige la statique et qu'on trouve réellement appli-
quées dans le pied humain ; et sauf des différences immenses
dans le pied de quelques oiseaux ; 2° que, quant au pied de
l'Homme en particulier, le pouce avec les os du tarse et du

la marche quand on change le pas, et lorsque le pied qu'on a élevé, est au
point de se poser à terre. Alors le corps s'incline à l'avant, et sa gravitation
tombe du côté interne. Supposé que le pied haussé soit le gauche, d'abord le
corps pèse tout entier sur le pied droit ; mais le calcaneum de celui-ci est contraint de se relever du sol quand le pied gauche déjà porté en avant est
proche de poser à terre. Dans ce moment-là, l'unique partie qui touche à terre
de toute la machine humaine (bien que transitoirement), c'est la pointe antérieure du métatarse avec ses phalanges. Tout l'effort est donc confié à cette
partie, qui par conséquent, doit être là où elle est, et telle qu'elle est, c'est-à-
dire antéro-interne, et très-forte. La fonction exploitée par cette partie, ne
pourrait pas être accomplie par aucune autre, ni par un pouce retourné en
dedans ni par les autres orteils.

On trouve ces fonctions attribuées à l'allux, encore plus clairement, lorsque
nous considérons l'action de monter et de descendre, action à laquelle d'ordinaire le calcaneum ne prend aucune partie.

L'importance du métatarse pollicaire dans le pied est confirmée par Weber
(*Traité de la mécanique des organes de la locomotion*, Paris, 1843), et principalement par les belles considérations relatives aux os des amoïdes de l'allux,
p. 371, pl. 4, fig. 2 et 3, et encore par le professeur Hyrtl, *Manuel*, etc., p. 383.

métatarse, forme la ligne principale robuste et la force du pied, par laquelle principalement le pied est une base convenable à la *station* droite du corps, et à l'*ambulation*, lorsqu'on change le pas ; 3° que toutes les parties du pied sont calculées de telle manière, suivant les lois de la mécanique, que sans un pareil arrangement, le pied ne saurait être approprié ni à la station, ni à l'ambulation ; 4° que le pouce avec son métatarse est le premier entre les doigts par son importance dans le pied ; et en même temps, il est le premier par sa force et sa solidité et inamovible à sa place[1]. Nous allons passer maintenant à l'examen du prétendu pied du Singe.

Considérons maintenant, en comparaison du Pied humain, le prétendu Pied des Quadrumanes anthropomorphes. L'extrémité postérieure de ceux-ci est préhensile ; et la préhension est effectuée par l'opposition du Pouce aux autres doigts. Si je vais chercher dans une pareille extrémité les principes que nous avons vus dans le pied humain conformes aux lois de la statique, je n'en trouve pas un qui soit en harmonie avec ces mêmes conditions. Je considère ce qui concerne la colonne vertébrale courbée en arc unique[2], ou bien ce qui concerne le bassin et l'insertion du fémur ; abstenons-nous encore de faire attention à l'obliquité d'insertion de la jambe sur le pied ; je m'abstiens de tout cela pour borner mes observations à la seule extrémité postérieure, ou à ce qu'on appelle le Pied.

Il est aisé de voir que les rapports d'une force principale sont intervertis. Les trois doigts du milieu sont en effet de la plus grande dimension, et le pouce est le plus petit de tous. Il s'en suit que, même en accordant, si l'on veut, que l'Orang-Outang ou le Gorille pourraient appuyer sur le terrain avec la plante de leur pied, ce qui leur est impossible, on peut se demander quelle ligne de force ou de solidité on a au côté interne, là où se manifeste le principal besoin d'une base assurée à cause de l'excès du poids superposé.

A côté, on a, au contraire, comme on l'a dit, un pouce

---

[1] Voyez Godron, *De l'espèce*, t. II, p. 119.
[2] Voy. Duvernoy, *Archiv. du Mus.*, t. VIII, p. 52, 126 et 221.

très-court et très-faible. Par conséquent, il est tout à fait incapable d'offrir en cela l'axe principal du pied. De plus, le pouce même ne se peut jamais mettre dans la direction nécessaire. Etant organisé pour être mis en opposition aux quatre doigts et pour empoigner les branches des arbres, il est profondément séparé de la plante, car il a son origine en arrière jusqu'à la région du tarse et il est repoussé en dehors et loin des autres doigts. Par une telle construction, le *maximum* de force qui est représenté par les quatre doigts, se trouve placé sur le lieu dans lequel il y a le moins de besoin; et pendant que dans le pied d'un de ces Quadrumanes, il y a des parties robustes là où il n'en faut pas, elles manquent au contraire là où elles seraient nécessaires pour construire un pied d'animal bipède, qui est fait pour changer de pas.

Un effet naît de cette disposition organique, c'est-à-dire que l'Orang-Outang et ses congénères ne peuvent jamais poser à plat leur pied sur le terrain et que, lorsqu'ils sont obligés de marcher sur les extrémités postérieures seulement, ils s'appuient sur le côté extérieur du pied et sur l'orteil le plus petit; pendant que les doigts du milieu et le pouce sont recueillis sous la plante, de manière qu'ils s'appuient en partie sur les nœuds des doigts.

Donc l'extrémité de ces quadrumanes n'est pas un pied pour la station bipède avec alternative dans la marche. Il ne l'est pas, car il n'est pas du tout conformé selon les lois nécessaires de la mécanique; il ne l'est pas, par conséquent, quant à l'usage auquel il doit servir, car la conformation dont il jouit se refuse ou n'est pas appropriée à ce qu'il puisse poser à plat sur le terrain et supporter le corps. Il n'est donc pas comparable au pied humain, et si le pied d'un Bipède est nécessairement l'organe qui sert à changer le pas dans l'ambulation, celui des Quadrumanes anthopomorphes n'est plus un pied, mais c'est une main préhensile.

Je ne finirai pas le traité sur le pied, sans apporter une dernière observation. La théorie du développement progressif, ou des transmutations, ou de quelque autre forme que l'on ait donnée à cette conception fantastique, suppose toujours que les transitions entre une espèce et la voisine sont arrivées par degrés; ou en d'autres termes, que les parties du corps d'une série d'animaux, se modifient peu à peu jusqu'à ce qu'elles parviennent à prendre des formes diverses, et capables de servir à des usages tout à fait différents. Il me semble que ce principe est incompatible avec ce que nous avons exposé jusqu'ici sur le pied. J'ai recours à un exemple.

Supposons que l'on veuille poser une perche droite sur le terrain. Manquant de toute espèce d'appui, je suis obligé d'en environner la pointe inférieure d'une quantité de pierres, jusqu'à lui faire un appui, une base qui empêche qu'elle ne s'incline et tombe. Or, si je prétends l'assurer par degrés, c'est-à-dire, aujourd'hui avec de petites pierres, demain avec deux autres, et ainsi de suite jusqu'au complément du *tumulus* qui est nécessaire pour la tenir droite sur place ; tout le monde reconnaît qu'il est impossible que cette perche demeure verticale jusqu'à ce que la base soit formée tout entière ; ou ce qui revient au même, je ne puis retirer ma main, ni abandonner la perche jusqu'à ce que j'aie achevé tout entier le *tumulus* qui doit servir de base. Une base donc est tout entière, ou elle ne sert à rien.

Si les observations jusqu'ici apportées sur le pied humain, sont justes, il s'ensuit qu'il ne peut être base appropriée au corps, s'il n'est tout ce qu'il doit être, c'est-à-dire, s'il n'est fourni de tous les éléments que nous avons examinés ; et plus particulièrement, s'il n'a pas le métatarse si robuste du pouce et précisément à sa place. Si un tel os est court et faible, ou distant des autres os, le pied n'est plus une base convenable au corps de l'Homme. Il faut donc que sa base soit ou entière et complète, ou elle ne sert à rien. Si elle est moins que ce qu'elle doit être, l'Homme qui repose là-dessus est estropié et son pied est imparfait, il ne peut pas marcher. D'autre part, le Gorille, l'Orang-Outang, etc., en passant d'une main postérieure préhensile au pied supposé humain, devraient subir, selon les données de cette théorie, des modifications graduelles jusqu'au complément du pied terrestre.

Imaginons-nous maintenant cette modification à moitié opérée, le pouce, désormais étendu et presque juxtaposé avec les autres doigts, ne se trouverait plus convenable pour la prébension ; et en même temps, il ne serait pas encore arrivé aux conditions requises au pouce pour la station et pour l'ambulation. Dans cette période, l'animal ne pourrait ni ramper, ni marcher. Il serait une monstruosité ; encore plus, son existence serait-elle impossible [1].

Cela vraiment vaut bien la peine que les fauteurs de cette théorie se livrent à des études si laborieuses pour en arriver à attribuer à la nature des erreurs et des contradictions d'organisation ! Et la géologie prétendrait ou espérerait démontrer quelque jour ces absurdités ou ces monstruosités [2]!

Un pied humain et une extrémité postérieure du Singe anthropomorphe pourraient donc passer de l'une à l'autre par degrés ! Le changement a dû être subit et total, ou il n'a pas eu lieu ; car les intermédiaires emportent contradiction. Pied humain et extrémité postérieure d'un Singe anthropomorphe sont deux créations distinctes et indépendantes. Chacune est complète en elle-même, et parfaite par son accord avec les

[1] Voyez à ce propos : Flourens, *Examen du livre de M. Darwin sur l'origine des espèces*, chap. 2.

[2] Bien que nous soyons déjà descendus jusqu'au fond du *diluvium*, nous ne voyons pas encore, du moins, de ce côté de l'Europe, rien peindre à l'horizon qui indique la filiation de l'Homme « avec le Singe. » Pruner Bay. (*Bullet. soc. anthropologique*, t. 1, 1863, p. 322.) — Avant que l'on puisse porter le crâne de Néanderthal (Voyez *Lyell*, p. 78 et suiv.) comme preuve des transitions supposées entre les Singes et l'Homme, il faudra résoudre deux objections : 1° celle exposée par M. Pruner Bay et Broca (*Bull. soc. anthrop.*) : que « les formes particulières du crâne de Néanderthal sont pathologiques »; 2° que dans tous cas, un seul crâne ne suffit pas à représenter et démontrer la forme craniale d'un peuple.

Comment se fait-il, me disait un savant zootome, qu'on voie conservés les extrêmes (Singes anthropomorphes et Homme) et que les anneaux intermédiaires se soient perdus? La valeur de cette observation s'augmente aujourd'hui qu'on avance que plusieurs types de Singes sont autant de souches des différentes races humaines. Quelle cause aurait sauvé les extrêmes et perdu et effacé les intermédiaires ?

Pendant l'impression de ce travail a paru l'important mémoire de M. Davis : *The Neanderthal skull*. L'importance de ce crâne-là est remise à sa véritable place. Après ces savantes conclusions, peut-on relire sans sourire les grands travaux faits et les grandes espérances fondées sur ce crâne par plusieurs auteurs! Y a-t-il là de la science !

Il faut consulter encore sur la question géologique les savantes observations du Pr. Pictet (*Biblioth. univ. de Genève*) et du vicomte d'Archiac.

lois invariables de la mécanique et de la statique. Un Singe a toujours été *cramnobate* et l'Homme toujours *pédestre*.

Il faut convenir que la légèreté avec laquelle on traite certaines questions est inexplicable. Des savants d'un mérite incontestable ont admis pour bonne l'assertion suivante : La station verticale n'est pas caractéristique de l'Homme, car le Pingouin même en jouit. Ce qui veut dire que le port vertical de l'Homme est égal à celui d'un Pingouin et qu'il n'y a pas de ce côté différence entre eux.

On sait que le Pingouin est un oiseau palmipède qu'on nomme encore *Alca*. Aquatique par excellence, ses jambes très-petites sont reculées à la dernière partie postérieure du corps ; d'où il arrive que, lorsque cet oiseau est obligé de venir à terre, ce qui arrive très-rarement, il est contraint de se dresser autant qu'il lui est possible, afin que le poids de sa poitrine, du cou et de la tête, très-excentriques, tombent sur la base de sustentation qui n'est pas très-appropriée, offerte par les extrémités postérieures. On voit ici clairement que l'organisation de cet oiseau, très-convenable à la nage, est, au contraire, très-mal accommodée à la marche sur le terrain. Sur le terrain, dis-je, l'oiseau ne peut se promener qu'avec une grande difficulté, et c'est seulement avec effort qu'il peut se soutenir droit. C'est un animal hors de son élément, selon que le dit le bon sens vulgaire, et cette proposition renferme une vérité bien plus grande que ce qu'on pourrait peut-être croire au premier abord.

Un organe donne une fonction à exécuter, fonction précise, principale, qui lui est *propre ;* outre cela, ce même organe peut se prêter à des usages *accessoires.* Le premier s'accomplit avec toute la perfection des œuvres de la nature, la seconde s'accomplit en quelque manière, mais très-imparfaitement. Un exemple très-opportun est en effet celui d'un oiseau aquatique ; supposons donc un canard commun. Si vous forcez un canard à courir avec vitesse sur le terrain, il tombe sur sa poitrine ; dans l'eau, au contraire, il nage parfaitement. L'organisation du pied est aquatique et sert fort bien à son but ; mais pour l'ambulation sur le terrain, l'organisation telle qu'elle est n'est pas aussi bien appropriée, et elle ne pouvait pas même l'être. Ici son usage, son application sont imparfaits. Deux offices sont donc confiés à l'extrémité postérieure du canard ; l'un principal et *propre*, la nage ; le second *accessoire*, l'ambulation.

Si l'on veut donc dire que la station verticale n'est pas caractéristique de l'Homme, parce qu'elle est encore commune à l'*Alca*, ou Pingouin, il est clair à présent, par le peu que nous avons dit, combien cette assertion est inexacte, même en omettant tout ce qu'on pourrait en dire de plus, si on examinait l'extrémité postérieure de l'Homme et celle du Pingouin. Mais dans un tel examen, on arriverait bientôt au ridicule.

Revenons sur nos pas et rappelons-nous les deux opinions opposées mentionnées ci-dessus, c'est-à-dire que le Pied humain, suivant la première, n'est qu'une main, et que l'extrémité postérieure des Singes, suivant l'autre, est un pied véritable.

L'argument par lequel on soutient la première opinion, est de citer nombre de faits qui montrent que le pied est appliqué maintes fois aux usages de la main de l'Homme. Coudre, tisser, écrire, peindre, ce sont des opérations qui prouvent suffisamment, dit-on ; bien d'autres opérations peuvent s'exécuter par le pied humain, lorsqu'il est convenablement instruit et exercé. Ces faits sont sans exceptions. « Donc, dit M. Bory-Saint-Vincent, on a jugé jusqu'ici que l'Homme diffère des Singes anthropomorphes, parce que nous sommes habitués à considérer le pied des Européens enfermés dans des souliers sans les appliquer à aucun usage ; et on a jugé de là qu'il est inapplicable aux fonctions de la main. Mais lorsqu'on fait attention comment, dans certaines classes et chez quelques peuples, le pied est utilisé, on comprend que les différences entre le pied et la main de l'Homme vont disparaître en quelque façon, et par suite, comment va disparaître aussi cette différence qu'on a tant de fois proclamée entre l'Homme et le Singe. »

Mais lorsque nous avons considéré la main de l'Homme, nous avons vu que son organisation lui fait exécuter deux mouvements différents : la *préhension* ou l'empoignement, et la *digitation* ou le pincement. On a vu aussi que l'organisa-

tion du pied présente des points et des lignes rigides, telles
qu'elles sont réclamées par les lois de la mécanique, parce
qu'il peut en résulter une base de sustentation et de translation
du corps. Les propositions inverses ne seraient jamais possi-
bles, quelque talent que l'on puisse y employer pour le défendre; car jamais on ne pourra prouver que l'organisation
du pied soit appropriée à la préhension ou à la digitation [1]. Il
faut, au reste, le dire, on n'a jamais même tenté cette entre-
prise; et il est permis de croire qu'on a renoncé à cette pré-
tention, et qu'on a reconnu que l'organisation du pied est
faite pour qu'il soit la base du corps. Tout ce qu'on a fait à ce
propos a été d'alléguer et de décrire l'usage du pied comme
d'une main et rien de plus. Mais l'argument de ces faits est
sujet à la même distinction que nous avons signalée ci-dessus
à propos de l'oiseau palmipède. Il y a, avons-nous dit, des
fonctions principales et propres à un organe, et il y a des
fonctions secondaires et accessoires. Il faut que tout Homme
convienne que la conséquence de la conformation organique
du pied humain, et sa fonction première et propre, est de supporter le corps. Serait-ce chose extraordinaire que l'on pût
dresser ce même organe à exécuter, comme supplément,
quelque autre fonction, grâce à la liberté qui, jusqu'à un certain degré, est restée aux phalanges des orteils? Serait-il
extraordinaire qu'un exercice prolongé donnât à ces parties
la possibilité d'exécuter des fonctions imitatives de celles
de la main? Toutefois, aussitôt qu'on se met à considérer les deux offices du pied que nous avons nommés la
station et la *digitation*, on trouve que la première fonction
est effectuée parfaitement et la seconde, au contraire, très-
imparfaitement. De même que la main peut, dans quelque
cas, servir à la translation du corps, le pied aussi peut servir
à des opérations de digitation. Mais il faut bien constater que
la main, par son organisation, est très-impropre à la fonction
qu'on lui fait alors produire, et que le pied est impropre par
son organisation aux fonctions de la main. Que sont, en effet,

---

[1] On peut consulter les *Principes de mécanique animale* de M. Giraud Teu-
lon. Paris, 1838, p. 55.

la préhension et la digitation du pied en comparaison de celle
de la main ?

La main et le pied ne sont donc pas un même organe et
l'Homme ne peut pas être appelé un Quadrumane [1].

Le professeur Huxley, de son côté, défend l'opinion opposée en disant que les Singes ne sont pas des Quadrumanes,
mais qu'ils sont des Bipèdes et des Bimanes comme l'Homme;
il ne voit donc aucune différence entre les deux.

Afin de prouver que les Singes n'ont pas des mains aux
extrémités postérieures, mais bien des pieds analogues à ceux
de l'Homme, il met en comparaison les squelettes des extrémités postérieures de l'Homme et des trois Singes anthropomorphes; d'où il fait ressortir la correspondance entre les
pièces osseuses : « Si nous voulons, dit-il, connaître avec cer-
» titude si la partie terminale d'une extrémité, dans les ani-
» maux différents de l'Homme, doit s'appeler pied ou main,
» il nous faut nous en rapporter à la présence ou au défaut
» des caractères suivants :

» 1° La disposition des os du tarse;

» 2° Les doigts ont un muscle court flexeur, et un muscle
» court extenseur.

» 3° Le pied possède un muscle long péroné.

» Nous devons nous en tenir à ces caractères et non aux
» proportions ou à la plus ou moins grande mobilité du gros

------

[1] On ne pourrait dire jusqu'où conduit l'analogie désignée par M. Martins
(*Comparaison des membres pelviens et thoraciques. Annales des sciences naturelles*, t. VIII, 1857, p. 83) entre la main et le pied humain. « L'analogie,
» dit-il, entre les os du métacarpe et du métatarse est si évidente qu'elle est
» généralement admise et exprimée par cet adage : *Pars altera manus.* » On
trouve encore des homologies indiquées par M. Stoltz, qui nous signale que,
lorsqu'on considère ces parties suivant l'homologie directe, et non suivant la
symétrique ou la diagonale, on a le rapport suivant : « Le gros orteil est bi-
» naire et homologue des deux derniers doigts; le pouce est binaire et homo-
» logue des deux derniers orteils. » (*Comptes rendus*, 1862, 1°, p. 696.) Bien
plus justement le professeur Hirtl (*Manuale di anatomia topografica*, versione
Milano, 1858, p. 365) : « Le pied se prête très-bien à la comparaison de la main,
» pourvu que l'on fasse abstraction de ces différences qui sont rendues néces-
» saires par les divers usages des deux organes. »

» doigt, car celui-ci peut varier à l'infini sans pourtant alté-
» rer la structure fondamentale du pied [1]. »

Il n'est pas de ma mission, et je n'aurais peut-être pas même
la possibilité de pénétrer dans la question anatomique. Je
conviendrai donc que le pied des Singes jouit des caractères
signalés, et qui sont les caractères propres du pied humain.
Mais, en m'appuyant sur des observations d'autrui, je signalerai seulement que le muscle péroné des Singes passe sur
le calcaneum de ceux-ci, et non sur le calcaneum de l'Homme.
S'il était ainsi, il serait très-mal appliqué, car il serait conti-
nuellement comprimé à cause de la station verticale. Donc,
conclut M. Godron, le pied des Singes n'a pas une organisation faite pour la station verticale, car, dans cette hypothèse, le muscle péroné serait toujours comprimé entre le
calcaneum et le terrain.

Je vais ajouter toutefois une autre observation qui touche
le fond de la méthode de comparaison employée par M. Huxley. Premièrement, c'est une méthode imparfaite que celle
qui se borne à examiner une partie seulement des éléments
et des qualités composant deux objets, chaque fois que l'on
veut remonter d'un tel examen à en déduire la similitude
ou l'égalité des deux objets. A ces conditions je pourrais
en conclure l'égalité de deux clefs, si lorsque en comparant
toutes les particularités de l'une et de l'autre, je passais sur
les incisures ou les dimensions. Pour déduire la ressemblance générale de deux choses, il faut bien plus que les particularités prises en considération par le professeur Huxley
sur les extrémités du Gorille comparées avec le pied humain.
Voilà ce qu'il dit :

« Le membre postérieur d'un Gorille est terminé par un
» pied aussi bien que celui de l'Homme. Les os du tarse, pour
» tous les points importants, pour le nombre, pour les for-
» mes, ressemblent à ceux de l'Homme. Les métatarsiens et
» les doigts, d'autre part, sont proportionnellement plus
» longs et plus grêles, tandis que, non-seulement l'orteil est
» proportionnellement plus court et plus faible, mais son os

[1] « Which may vary indefinitely without any fundamental alteration in th
» structure of the foot. Huxley, p. 90, Lyell. »(*Ancienneté de l'Homme*, p. 506.

» métatarsien est relié au tarse par une articulation beau-
» coup plus mobile. En même temps, le pied s'attache à la
» jambe plus obliquement que dans l'Homme... Le membre
» postérieur du Gorille se termine, par conséquent, par un
» véritable pied muni d'un gros orteil très-mobile, etc...
» C'est un pied qui diffère de celui de l'Homme, non par
» ses caractères fondamentaux, mais principalement par ses
» proportions, son degré de mobilité et l'arrangement se-
» condaire de ses parties [1]. »

Dans une comparaison de cette nature, pour argumenter
sur l'égalité ou l'identité des deux objets, le pied humain et
l'extrémité postérieure des Singes, quant à l'ostéologie, outre
le même nombre des pièces osseuses, il est nécessaire d'éta-
blir l'uniformité de forme des pièces mêmes, l'uniformité des
proportions relatives, et de l'assemblage respectif des parties ;
et enfin l'uniformité de l'effet qui suit inévitablement leur
réunion. Si ces considérations et ces principes sont justes, la
thèse du professeur Huxley tombe complétement. Quelle importance en effet a un nombre égal de pièces osseuses, si
quelques-unes de celles-ci sont très-différentes par leur proportion et par leur forme, de sorte que, dans le Gorille, etc.,
ils forment un pouce bref et mince, là où il serait réclamé
plus grand par la longueur, et d'une grosseur très-supérieure,
afin de servir, comme dans l'Homme, aux lois de la statique
pour la station verticale ? Qu'importe le nombre, si la forme
des pièces est si différente que le pouce est divariqué, indépendant et très-mobile dans le Gorille, tandis qu'il est rigide
et étendu à côté des autres doigts auxquels il est réuni par le
ligament transversal dans l'Homme ? Qu'importe si l'arrangement et la réunion harmonique des éléments osseux sont
tels que, dans l'un des cas, il en résulte un excellent organe
préhensible, et, dans l'autre, une base appropriée à supporter
le corps ? Déjà le professeur anglais, afin de se soustraire à
quelqu'une de ces conséquences trop saillantes, a eu recours
à qualifier de valeur *secondaire* quelqu'un des faits mentionnés
ci-dessus, et s'est réduit à affirmer que le pied du Gorille ne
diffère pas de l'humain par ses caractères fondamentaux.

[1] Huxley, dans Lyell, *Ancienneté de l'homme*, p. 506.

Cela est loin d'être exact. La comparaison faite par le professeur Huxley prouve, si l'on veut, que, par le nombre des éléments osseux et myologiques, le pied du Gorille et celui de l'Homme sont semblables entre eux; mais les conséquences ne peuvent être portées plus avant, sans heurter les règles d'un raisonnement sain. Car la nature de chacune de ces extrémités consiste dans le nombre des pièces osseuses, dans leurs formes, dans les proportions, l'arrangement et dans leur manière de fonctionner [1]. La comparaison des deux extrémités, afin d'en déduire l'égalité de nature, ne doit pas se restreindre à un seul de ces points, mais elle doit les comprendre tous; et celui qui se fonde sur un seul et prétend argumenter de celui-ci à la parité de l'ensemble, ne peut qu'induire en erreur ceux qu'il veut instruire. Le devoir de tout professeur est de manifester la vérité aux autres, et non de jouer avec les ressources du talent pour déguiser l'erreur.

Pourrait-il se soustraire à cette censure, le professeur anglais, quand on lit la conclusion de son travail conçue en ces termes : « Si je dois choisir mes ancêtres entre un Homme qui » emploie son talent pour mettre en dérision la recherche de » la vérité, ou un Singe perfectible, je choisis le Singe. » Eh bien, le titre de préférence est placé dans la supposition que le Singe parvienne à la raison, et que l'Homme s'oppose à la vérité, et qu'il soit donc irraisonnable. Mais si le professeur Huxley enlève à l'Homme la plus belle des qualités, l'usage de la raison, et place cette même qualité sur l'avenir des Singes, il a faussé les natures des deux êtres. Il fait l'Homme déraisonnable, et il donne raison à la brute. Sans lui demander sur quel fondement, sur quelles preuves il accorde une raison future aux Singes, nous lui demanderons comment il peut se regarder autorisé à qualifier le genre humain d'adversaire de la recherche de la vérité? S'il y a

___

[1] Il est inexplicable que le professeur Huxley n'ait pas fait mention, parmi les caractères distinctifs du pied et de la main, du ligament transversal, qui, comme on a dit, tient et relie ensemble toutes les cinq extrémités des métatarses ; tandis que quatre métacarpes seulement sont reliés dans la main, le pouce restant tout à fait libre. L'importance de ce caractère est très-grande dans la question de la comparaison de l'extrémité postérieure des Quadrumanes avec celle de l'Homme.

quelque individu malheureusement tel, c'est une exception ; mais jamais personne n'a songé à dire que l'Homme en général est déraisonnable. A travers le sophisme qu'il présente aux lecteurs, le titre de préférence est toujours la raison. Il la transporte, il est vrai, mais une fois qu'il s'agit de choisir son ancêtre entre un Singe tel qu'il est, c'est-à-dire une brute, et l'Homme tel qu'il est, c'est-à-dire raisonnable, nous voudrions bien savoir où se place sa préférence ?

Dans la partie du travail que nous avons conduit jusqu'ici, nous avons soumis à l'examen quelques-unes des différences organiques et zoologiques entre l'Homme et les Singes anthropomorphes, et il me semble que nous les avons analysées et examinées dans toutes leurs parties. Il semble de plus que les différences qui, au premier aspect, se présentent, deviennent encore plus saillantes et plus fermes, lorsqu'elles sont plus profondément étudiées. De telle sorte sont sans doute l'appareil férin de la tête des Singes, et la structure fondamentale du pied humain comparée à l'extrémité postérieure des Singes. Cependant quelques auteurs émettent encore des assertions que je veux m'abstenir de qualifier. En effet, pas plus tard que l'année qui vient de finir, a paru une publication, qui contient, parmi plusieurs autres, les assertions suivantes :

« Les limites précises, entre l'Homme et le Singe, sont en» core aujourd'hui la torture des anatomistes ; et toujours » les différences qui se présentaient, au premier coup d'œil, » nettes et précises, s'évanouissent par l'analyse.

» Si nous voulons nous concentrer dans le terrain de la » pure anatomie, la grande barrière entre les Bimanes et les » Quadrumanes, doit être définitivement abattue, et l'ordre » des Primates rétabli. »

Contrairement à ces assertions, nous pouvons opposer que nous avons poussé l'analyse bien au delà de ce qu'ont fait les défenseurs de la théorie de l'Homme-Singe, et cependant les différences ne sont pas encore complétement admises, mais elles ne sont niées que par ceux qui les observent avec la superficialité malheureusement en usage par beaucoup de personnes. Évitant et supprimant les points âpres de la question, on aplanit la route, et alors on peut répandre, parmi les personnes moins instruites, des sophismes et des opinions contraires.

L'abondance de la matière déborde l'espace d'un simple mémoire. En finissant, je fais des vœux pour que d'autres s'occupent de plusieurs points qui demandent un examen profond et intelligent, et j'espère moi-même y revenir et corroborer, par des arguments ultérieurs, ceux que j'ai exposés ici. Chacun voit, en effet, que la possibilité de traiter la matière pourra faire défaut, mais jamais la matière elle-même.

A présent, en me résumant, je conclus :

1° Il existe des distinctions organiques importantes et sûres entre l'Homme et les Singes anthropomorphes ;

2° Ces distinctions ou différences sont d'autant plus saillantes et certaines que l'analyse est plus profonde ;

3° Les anciennes divisions de Bimanes et de Quadrumanes subsistent dans toute leur intégrité ;

4° L'Homme est une création à part et à soi, tout à fait indépendante de celle des autres animaux. Il ressemble pourtant à ces derniers autant seulement qu'il a communes avec eux les conditions d'existence matérielle ; mais, outre qu'il en est très-distant par l'intelligence et la morale, il en diffère encore par sa constitution organique. Il est la conception et l'œuvre directe de l'Auteur de la nature, et il n'a aucune affinité généalogique ou consanguinité avec les Singes anthropomorphes.